高含硫气藏硫沉积和水-岩反应机理研究

郭 肖 等 著

科学出版社
北 京

内 容 简 介

本书全面系统阐述了高含硫气藏的流体性质、硫沉积实验、酸性气体-水-岩反应机理及反应动力学、水-岩反应和硫沉积对储层物性的影响、高含硫气藏气固耦合渗流数值模拟以及酸性气体-水-岩反应对物性影响的数值模拟研究。

本书可供从事油气田开发的研究人员、油藏工程师以及油气田开发管理人员参考，同时也可作为大专院校相关专业师生的参考书。

图书在版编目(CIP)数据

高含硫气藏硫沉积和水-岩反应机理研究 / 郭肖等著.—北京:科学出版社，2020.6

（高含硫气藏开发理论与实验丛书）

ISBN 978-7-03-065011-5

Ⅰ.①高… Ⅱ.①郭… Ⅲ.①含硫气体-气藏-水岩作用-研究 Ⅳ.①TE375

中国版本图书馆 CIP 数据核字（2020）第 077254 号

责任编辑：罗 莉 陈 杰／责任校对：彭 映
责任印制：罗 科／封面设计：墨创文化

科学出版社 出版

北京东黄城根北街16号
邮政编码：100717
http://www.sciencep.com

四川煤田地质制图印刷厂 印刷

科学出版社发行 各地新华书店经销

*

2020 年 6 月第 一 版 开本：787×1092 1/16
2020 年 6 月第一次印刷 印张：8 3/4
字数：207 000

定价：149.00 元

（如有印装质量问题，我社负责调换）

序　言

　　四川盆地是我国现代天然气工业的摇篮，川东北地区高含硫气藏资源量丰富。我国相继在四川盆地发现并投产威远、卧龙河、中坝、磨溪、黄龙场、高峰场、龙岗、普光、安岳、元坝、罗家寨等含硫气田。含硫气藏开发普遍具有流体相变规律复杂、液态硫吸附储层伤害严重、硫沉积和边底水侵入的双重作用加速气井产量下降、水平井产能动态预测复杂、储层-井筒一体化模拟计算困难等一系列气藏工程问题。

　　油气藏地质及开发工程国家重点实验室高含硫气藏开发研究团队针对高含硫气藏开发的基础问题、科学问题和技术难题，长期从事高含硫气藏渗流物理实验与基础理论研究，采用物理模拟和数学模型相结合、宏观与微观相结合、理论与实践相结合的研究方法，采用"边设计-边研制-边研发-边研究-边实践"的研究思路，形成了基于实验研究、理论分析、软件研发与现场应用为一体的高含硫气藏开发研究体系，引领了我国高含硫气藏物理化学渗流理论与技术的发展，研究成果已为四川盆地川东北地区高含硫气藏安全高效开发发挥了重要支撑作用。

　　为了总结高含硫气藏开发渗流理论与实验技术，为大专院校相关专业师生、油气田开发研究人员、油藏工程师以及油气田开发管理人员提供参考，本研究团队历时多年编撰了"高含硫气藏开发理论与实验丛书"，该系列共有 6 个专题分册，分别为：《高含硫气藏硫沉积和水-岩反应机理研究》《高含硫气藏相对渗透率》《高含硫气藏液硫吸附对储层伤害的影响研究》《高含硫气井井筒硫沉积评价》《高含硫有水气藏水侵动态与水平井产能评价》以及《高含硫气藏储层-井筒一体化模拟》。丛书综合反映了油气藏地质及开发工程国家重点实验室在高含硫气藏开发渗流和实验方面的研究成果。

　　"高含硫气藏开发理论与实验丛书"的出版将为我国高含硫气藏开发工程的发展提供必要的理论基础和有力的技术支撑。

罗平亚

2020.03

i

前　言

　　高含硫气藏开采过程中，随地层压力和温度不断下降，当气体中含硫量达到饱和时元素硫将结晶析出。若元素硫结晶体微粒直径大于孔喉直径或气体携带结晶体的能力低于元素硫结晶体的析出量，则会发生元素硫物理沉积现象。同时，硫和 H_2S 之间也存在一个化学反应平衡，即 $H_2S+S_x \rightleftharpoons H_2S_x$，随着温度和压力降低，多硫化物分解析出更多的硫。此外，高含硫气藏开采过程中储层压力下降将导致边底水侵入气藏，边底水与含 H_2S、CO_2 的天然气混合形成酸液，酸液与储层矿物发生反应，将引起储层孔隙结构、矿物组成、离子成分、岩石力学行为以及孔隙度与渗透率的变化。

　　本书聚焦于高含硫气藏硫沉积和水岩反应机理研究。具体内容主要包括：高含硫气藏流体性质、高含硫气藏硫沉积、酸性气体-水-岩反应机理及反应动力学、高含硫气藏水-岩反应实验、水-岩反应和硫沉积对储层物性的影响、高含硫气藏气固耦合渗流数值模拟以及酸性气体-水-岩反应数值模拟。

　　本书的出版得到国家自然科学基金面上项目"考虑液硫吸附作用的高含硫气藏地层条件气-液硫相对渗透率实验与计算模型研究"（51874249）和四川省科技计划项目"H_2S-CO_2 捕集与地质封存的关键基础科学问题研究（重大前沿）"（2017JY0005）等资助，同时，得到了油气藏地质及开发工程国家重点实验室的支持，在此表示感谢。

　　希望本书能为油气田开发研究人员、油藏工程师以及油气田开发管理人员提供参考，同时也可作为大专院校相关专业师生的参考书。限于编者的水平，书中难免存在不足和疏漏之处，恳请同行专家和读者批评指正，以便今后不断对其进行完善。

编者

2019 年 11 月

目　　录

第1章 绪 论

高含硫气藏开采过程中，随地层压力和温度不断下降，当气体中含硫量达到饱和时元素硫将结晶析出。若元素硫结晶体微粒直径大于孔喉直径或是气体携带结晶体的能力低于元素硫结晶体的析出量，则会发生元素硫物理沉积现象。同时，硫和H_2S之间也存在一个化学反应平衡，即$H_2S+S_x \rightleftharpoons H_2S_x$，随着温度和压力降低，多硫化物分解析出更多的硫。此外，高含硫气藏开采过程中储层压力下降将导致边底水侵入气藏，边底水与含H_2S、CO_2的天然气混合形成酸液，酸液与储层矿物发生反应，将引起储层孔隙结构、矿物组成、离子成分、岩石力学行为以及孔隙度与渗透率的变化。本章主要论述高含硫气藏区域分布和流体物性参数、溶解度、矿物的溶解动力学与硫沉积层伤害等的国内外研究进展。

1.1 高含硫气藏区域分布

酸性气藏在全球广泛分布，目前全球已发现 400 多个具有工业价值的高含H_2S和CO_2气藏，主要分布在加拿大、美国、法国、德国、俄罗斯、中国和中东地区。

全球富含H_2S和CO_2的酸气气田储量超过 $736320×10^8 m^3$，约占世界天然气总储量的 40%。加拿大是高含H_2S气田较多的国家，其储量占全国天然气总储量的 1/3 左右，主要分布在落基山脉以东的内陆台地。阿尔伯塔(Alberta)省有 30 余个高含硫气田，天然气中H_2S的平均含量约为 9%，如卡罗林(Caroline)气田，其H_2S和CO_2含量分别为 35.0%和 7.0%；卡布南(Kaybob South)气田的H_2S和CO_2含量分别为 17.7%和 3.4%；莱曼斯顿(Limestone)气田的H_2S和CO_2含量分别为 5%~17%和 6.5%~11.7%；沃特顿(Waterton)气田的H_2S和CO_2含量分别为 15%和 4%。这 4 个气田是加拿大典型的高含H_2S和CO_2气田，探明地质储量近 $3000×10^8 m^3$。

俄罗斯含H_2S天然气储量接近 $5×10^{12} m^3$，主要集中在阿尔汉格尔斯克州，分布于乌拉尔-伏尔加河沿岸地区和滨里海盆地，以奥伦堡(Orenburg)和阿斯特拉罕(Astrakhan)气田为代表。其中，奥伦堡气田是典型的高含硫大型气田，天然气可采储量达到 $18408×10^8 m^3$，气体组分中H_2S和CO_2含量分别为 24%和 14%。

此外，美国、法国和德国都探明有高含硫气田储量，典型的大型高含硫气田有：美国的惠特尼谷卡特溪(Whitney Canyon-Carter Creek)气田，探明天然气储量 $1500×10^8 m^3$；法国的拉克(Lacq)气田，探明天然气储量 $3226×10^8 m^3$；德国的南沃尔登堡(South Woldenberg)气田，探明天然气储量 $400×10^8 m^3$。

四川盆地是我国天然气工业的发源地，天然气规模化勘探始于 20 世纪 50 年代初，已发现的 22 个含油气层系中有 13 个高含 H_2S，近 15 年发现的众多二叠系、三叠系礁滩气藏均为高含硫气藏。我国 H_2S 含量超过 $30g·m^{-3}$ 的高含硫气藏中有 90%集中在四川盆地，如图 1-1 所示。四川盆地已探明高含硫天然气储量约 $9200×10^8m^3$，占全国天然气探明储量的 1/9。已动用高含硫天然气储量 $1402.5×10^8m^3$，占已探明高含硫天然气储量的 15%，开采潜力大。华北油田赵 2 井是我国目前已钻遇 H_2S 含量最高的井，其 H_2S 含量高达 92%，四川盆地川东地区飞仙关组 H_2S 含量大多为 14%～17%，各个气田 H_2S 和 CO_2 含量差异较大，但目前已发现的气田 H_2S 含量一般低于 20%，CO_2 含量在 10%以下，气体中基本不含 C_7 以上烃类组分，部分气田含有有机硫(表 1-1)。

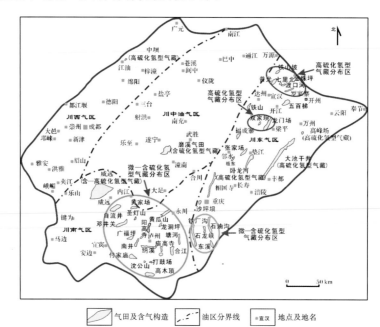

图 1-1 四川盆地主要含硫化氢气藏(田)分布

表 1-1 四川盆地高含硫气藏分布

单位名称	气田名称	探明储量/(10^8m^3)	最高 H_2S 含量/($g·m^{-3}$)
中国石油天然气集团有限公司	威远	400	45.2
	卧龙河	189	75.6
	中坝	86	110.4
	磨溪	349	44.1
	黄龙场	33	201.5
	高峰场	25	105.6
	罗家寨	797	150.1
	渡口河	359	117.8
	铁山坡	374	204.1
	龙岗	试采区 1023	130.3
中国石油化工集团有限公司	普光	2738	215.8
	元坝	1592	74.1

高含 CO_2 天然气藏在全球范围内资源量大、分布广泛。如美国 Richland 气田、日本 Yoshii-Higashi-Kashiwazaki、Minami-Nagaoka 气田、澳大利亚 Scott Reef 气田、印度尼西亚 Jatibarang 气田以及我国松辽盆地火山岩气藏、准噶尔盆地火山岩气藏，其中松辽盆地深层天然气资源量在 $2×10^{12}m^3$ 以上。

1.2　国内外研究现状

1.2.1　高含硫气藏流体物性参数研究

针对高含硫气藏流体物性参数，国内外很多学者展开过研究。

Stouffer 等(2001)在实验的基础上获得了含 H_2S-CO_2 混合物的气液相密度，实验的温度范围是-50～170℃，压力达到 25MPa。该实验的测量结果虽然误差较小，但是测量压力较低，不适用于高温高压地层条件。

王发清和 Boyle(2002)对比了高含硫气体密度的常用计算方法，例如 SRK 方程、PR 方程以及 PT 方程等，并利用体积校正法对这些方法的计算结果进行检验，计算出了 CO_2 和 H_2S 以及其混合物的密度。研究发现，SRK 方程的误差最大。

Kurt 等(2008)基于摩擦理论创造性地提出了黏度模型，以此为基础计算了酸性气体在各种条件下的黏度，并对模型进行了实验验证，发现该模型较前人的研究具有更高的精确度。

Carmen 等(2011)在-10～90℃、0～40MPa 的温度压力条件下对 H_2S 和 C_3H_8 与盐水混合物的密度进行了实验测定，得到了它们的密度值，并与 L-K-P 模型进行了对比分析，最终计算误差不大于 2%，精确度较高。

李光霁和陈王川(2018)通过建模并计算研究了 CO_2 在超高压状态下的密度、黏度等热力学性质，发现超临界 CO_2 密度在温度和压力远离临界点后变化量减少，且温度和压力存在竞争关系，在超高压状态下，压力的影响占主导地位。

1.2.2　高含硫气体在水中的溶解度研究

国内外对高含硫气体的溶解度研究由来已久。

Wiebe 和 Gaddy(1940)基于体积分析法对气体在不同温压下的溶解度开展了实验研究。

Drummond(1981)针对 H_2S 气体在 NaCl 水溶液中的溶解度进行了研究，其研究条件为：压力 3MPa；温度的范围较大，最高到 380℃。

陈庚华和韩世钧(1985)在考虑电离、相平衡的条件下，从化学角度对 CO_2、H_2S 和 NH_3 的溶解度进行了研究，并分析了影响三者溶解度的各种因素。

Li 和 Nghiem(1986)根据亨利定律和 PR 方程，假设烷烃不溶于水，计算了石油行业相关气体的溶解度。他不仅研究了 CO_2 在纯水中的溶解度，还提出了定标粒子理论，用来计算 CO_2 在 NaCl 水溶液中的溶解度。

Crovetto(1991)对高含硫气体的溶解度参数进行了深入的研究,然而因为温度计压力范围的局限性,溶解度参数难以进行实际应用。

Teng 和 Yamasaki(1998)基于修正后的亨利定律、Setchenow 方程、亨利定律常数和盐析系数等相关方程,计算了 CO_2 在海水中的溶解度,计算结果与实验数据基本相符;测量了饱和 CO_2 气体的海水密度,得到了 CO_2 水溶液的密度与海水密度之间的关系,以及 CO_2 的溶解度公式,并进行了实验验证。

Duan 和 Sun(2003)针对 CO_2 在高矿化度情况下的溶解度进行了大量的实验研究,进而对原先的模型进行了改进,在此基础上建立了适用于 273～533K 温度下的 CO_2 溶解度计算模型。2007 年,Duan 等(2007)又建立了 H_2S 溶解度的热力学模型,适用于纯水、氯化钾、硫酸钠、氯化钙溶液和海水等各种情况,该模型在 273～500K、0～20MPa 的温压条件下,达到了较高的精度。

Furnival 等(2012)针对实验数据进行拟合,在前人研究的基础上建立了 CO_2 溶解度计算模型,然而该模型仅适用于低矿化度条件。

Zirrahi 等(2012)基于非迭代法提出了纯酸性气体和与甲烷混合的酸性气体在水中的溶解度计算模型,该模型适用于含水层和酸性气体的处理。在模型中,用 PR-EOS 来计算气相组分的逸度系数,水相则用亨利定律来处理。他采用非随机混合规则来模拟混合酸性气体,最终计算了 CH_4、CO_2 和 H_2S 及其混合物在水中的溶解度,其平均相对误差低于 4.7%。

侯大力等(2015)使用高温高压反应釜开展了 CO_2 的溶解度实验,修正了 PR-HV 状态方程中的参数,建立了溶解度计算模型,并与前人的模型进行了对比,使该模型的平均相对误差减小到了 2.69%。

李靖(2017)结合 PR 状态方程和 G^E 型混合规则,建立了含 CO_2 天然气在水溶液中的溶解度热力学模型,并对模型参数进行了优化。其建立的 PRSV-MHV1 模型运用的二元参数较少,温度的压力条件范围较大,也达到了较高的精确度。

涂汉敏等(2018)运用 SRK-CPA 状态方程结合 CR-1 混合规则对 CO_2-水体系的相平衡特征进行计算,分别研究 CO_2 在水中的溶解度和水在 CO_2 气相中的溶解度,并在 308K、373K 和 473K 三种温度下,对 CO_2-水体系不同缔合模型相互作用的模拟结果与实验数据进行分析,发现运用 CPA 方程计算的溶解度结果与实验数据拟合较好。

1.2.3　矿物的溶解动力学研究

刘再华和 Dreybrodt(2002)分析总结了自然环境下的方解石沉积速率系数,发现其影响因素有很多,如环境温度、CO_2 分压、水动力条件等。根据总结,温度高的区域,方解石的溶解速率要明显高于温度低的区域;CO_2 分压较高的情况下,不利于方解石的沉积;水的流速越高,越有利于方解石的沉积;此外,扩散边界层的厚度也对方解石的溶解有影响。

Xu(2006)基于前人的研究,开发了 TOUGHREACT 软件,软件中考虑到了由反应引起的孔隙度改变。而后 Xu(2006)又利用该软件建立了三种典型的渗透率变化模型,并对比分析了三者的优缺点及适用条件。

马永生等(2007)对碳酸盐岩进行了浸泡实验,这次实验证明 H_2S 气体溶蚀作用确实可以让岩石的孔隙度和渗透率变大。但是该实验的进行条件是常温常压,对高温高压气藏的指导意义不大。

Wigand 等(2008)对砂岩储层开展了大量实验,结果表明在地层温度压力条件下,白云石是最先溶解的,然后是钾长石等,此外,实验过程中还有沉淀生成。

Assayag 等(2009)在油田现场进行了实验,当注入 CO_2 后,溶解的矿物主要为方解石和长石,且硅酸盐矿物的溶解程度要明显小于碳酸盐矿物的溶解程度。

Luquot 等(2012)利用砂岩饱和地层水进行了为期 6 天的驱替实验,根据结果分析,矿物发生了明显溶蚀,且有少量高岭石生成。

王广华等(2013)用高温高压反应釜进行了实验模拟,通过观察不同温度压力条件下砂岩样品反应前后的变化,分析反应溶液 pH 以及离子浓度变化的原因,以更充分地了解 CO_2-地层水-砂岩之间相互作用过程中的矿物溶解动力学。研究发现,注入超临界二氧化碳气体后,温度越高,砂岩矿物的溶蚀作用越剧烈;在反应过程中,生成了一些新的物质,如石英、高岭石等。

王琛等(2017)研究了 CO_2 驱过程中与地层水和岩石的相互作用,及其对特低渗砂岩的储层伤害情况。研究结果表明,矿物发生溶解反应后,渗透率的变化量要明显大于孔隙度的变化量,且与反应时间有关,与 CO_2 注入压力无明显关系。

1.2.4　硫沉积机理及储层伤害研究

1.硫的溶解度研究

1960 年,Kennedy 和 Wieland(1960)设置了多达 15 个实验条件,对元素硫在 CH_4、CO_2 和 H_2S 单组分气体和根据不同规则混合的混合气体中的溶解度进行了实验研究。实验温度条件为 65.6℃、93.3℃、121℃,压力条件为 6.8~40.8MPa。实验表明,硫在气体中的溶解度不仅受温度和压力影响,也与气体组分有关。但是因为实验条件的限制,数据的准确度不高,得到的经验关系式也不够准确。

1971 年,Roof(1971)测定了 43.3~110℃、6.8~30.5MPa 条件下元素硫在纯 H_2S 气体中的溶解度。根据实验结果,温度较低时,硫的溶解度随温度的增加而增大,当达到温度临界点后,溶解度随温度的增加而减小,造成这个结果的主要影响因素是流体的密度。

1976 年,Swift 等(1976)进行了 120~204℃、33.5~138MPa 条件下的硫溶解度实验,溶解介质依旧是纯 H_2S 气体,这次实验是专门针对高温高压酸性气藏所进行的研究。

1993 年,我国学者谷明星等(1993a、b)对元素硫在不同气体中的溶解度进行了研究,并设定了一套实验装置,该装置可以用静态法测定硫的溶解度。实验测定了硫在纯 H_2S、CO_2、CH_4 气体以及含 H_2S 的酸性气体中的溶解度。研究结果表明,硫的溶解度与温度压力条件以及气体组分有关,H_2S 的含量多少是硫在酸性气体中溶解度大小的主要影响因素。

2003 年,Sun 和 Chen(2003)对谷明星等的研究进行了拓展,设置了 7 种混合规则下硫在酸性气体中的溶解度实验,实验结果进一步表明,H_2S 的含量是影响硫溶解度的主要因素。

2005 年,曾平(2004)在 80～160℃、10～60MPa 的条件下进行了硫在不同气体混合物中的溶解度实验,实验证明,除了温度和压力,硫在混合气体中的溶解度也受气体组分的影响。

2010 年,卞小强等(2010)对元素硫在高含硫天然气中的溶解度进行了实验研究,实验温度和压力条件分别为:336.2～396.6K、10.0～55.2MPa。实验结果表明,当温度一定时,硫的溶解度和压力表现为正相关关系,且温度越高,其变化趋势越明显;当压力不变时,硫的溶解度和温度表现为正相关关系,压力高于 30MPa 时,变化幅度有所增加。

2015 年,李洪等(2015)利用 Brunner 和 Woll 的实验数据,根据统计学和多元回归理论,在 Chrastil 模型的基础上建立了新的硫溶解度模型,并跟已有的模型进行了对比,研究表明该模型精确度较高。

Guo 和 Wang(2016)采用变常数法对 Chrastil 模型进一步改进,提出了元素硫溶解度新模型。

2017 年,关小旭等(2017)对 Chrastil 模型的系数进行了改进,使得其精度有了大幅度提高。

2.硫沉积的储层伤害研究

1972 年,Kuo(1972)提出了硫沉积的储层伤害经验公式,用来表示硫沉积量和渗透率之间的关系,以此来描述硫沉积对储层渗透率的影响,但是其中关于气藏流体和储层岩石性质的描述不够准确,因此仅对储层渗透率的变化做定性研究。研究得出,如果井筒半径足够大,就可以实现气井的高产,并避免硫沉积对地层的损害。

2000 年,Abou-Kassem(2000)在先期所完成的地层原油流动驱替实验的基础上,观察碳酸盐岩岩心中硫的析出和沉积。将硫沉积的热力学模型与多孔介质机械捕集模型耦合,以此来进行硫沉积预测,并与实验数据得到了较好的拟合结果。

2002 年,Shedid 和 Zekri(2002)将溶解有 H_2S 的原油做了脱除沥青和石蜡处理,然后进行岩心驱替实验,研究了原油的流动速度、岩心初始渗透率和初始含硫浓度对碳酸盐岩气藏硫沉积的影响,并根据实验研究得出了硫沉积对储层渗透率影响的经验公式。2004 年,他们在原油中含有沥青的情况下进行了实验,从而发现了沥青和硫沉积对储层的影响,此外,他们还研究了原油中的初始硫浓度、初始沥青浓度对渗透率的影响。2007 年,他们用扫描电镜观察硫沉积实验中元素硫在岩心中的沉积位置,并分析了储层伤害的原因。2009 年,他们在之前研究的基础上增加了 CO_2 气体的注入,研究发现,CO_2 的注入加大了储层伤害程度,且注入速率越大,驱替效率越低。

2010 年,Guo 等(2010)采用岩心流动实验,研究了不同注入速率下的硫沉积量,并建立了岩石渗透率、气流速率、初始硫浓度和硫沉积关系的数学模型。

2012 年,Mahmoud 和 AI-Majed(2012)研究了酸性气井中硫沉积对气体相对渗透率、储层孔隙度、润湿性的影响。结果表明,在井筒径向距离较远的位置,可不考虑硫沉积;近井地带的硫沉积使得气相渗透率和产气率降低,并影响了储层的润湿性。

2015 年,Guo 等(2015)提出了一个新预测模型来计算近井地带硫的饱和度,分析了气藏温度和压力、气体黏度、偏差系数、气藏的初始孔隙度以及绝对渗透率对硫的饱和度的影响，然后分析了硫沉积对气井产能的影响。

2016 年，He 和 Guo(2016)建立了考虑硫沉积、气体性质变化、裂缝发育程度以及气井产量影响的储层渗透率伤害模型，研究发现高含 H_2S 裂缝性气藏的沉积主要在近井地带，裂缝孔径对近地层的渗透率有显著影响。

2017 年，周浩(2017)进行了硫沉积驱替实验，研究了应力敏感和硫沉积共同作用对储层岩心的伤害。储层岩心分别采用了基质和裂缝岩心，并通过 BP 神经网络等算法优选得到了预测硫溶解度的新方法。研究发现，裂缝岩心的渗透率和孔隙度受硫沉积伤害很严重，而基质岩心的渗透率和孔隙度减小程度相对较轻。

第2章 高含硫气藏流体性质

2.1 天然气的组成与分类

2.1.1 天然气的组成

广义来说，天然气是指自然界中天然存在的一切气体，包括大气圈、水圈、生物圈和岩石圈中各种自然过程形成的气体。而从能量角度出发的狭义定义，天然气是指天然蕴藏于地层中的烃类和非烃类气体的混合物，主要有油田气、气田气、煤层气、泥火山气和生物生成气等。一般而言，常规天然气中甲烷(CH_4)占绝大多数，乙烷(C_2H_6)、丁烷(C_4H_{10})和戊烷(C_5H_{12})含量较少，碳原子数在 6 及以上的烷烃含量极少。此外，还含有少量的非烃气体，如硫化氢(H_2S)、二氧化碳(CO_2)、一氧化碳(CO)、氮气(N_2)、氢气(H_2)、水蒸气(H_2O)以及硫醇(RSH)、硫醚(RSR)、二硫化碳(CS_2)、羰基硫(或氧硫化碳)(COS)、噻吩(C_4H_4S)等有机硫化物，有时也含有微量的稀有气体，如氦(He)、氩(Ar)等。在大多数天然气中还存在少量的不饱和烃，如乙烯、丙烯、丁烯，偶尔也含有极少量的环烃化合物，如环戊烷、环己烷、苯、甲苯、二甲苯等。组成天然气的组分大同小异，但其相对含量却各不相同。

2.1.2 天然气的分类

国内学者有的从地质勘探角度出发，根据气体中硫化氢的含量提出了分类方案；有的从天然气净化与处理角度出发，提出了不同的分类方案。根据不同的原则，目前天然气的分类方法有三种。

1.按矿藏特点分类

按矿藏特点的不同可将天然气分为气井气(气藏气)、凝析气(凝析气藏气)和油田气。前两者合称非伴生气，后者称为油田伴生气或伴生气。

气井气，即纯气田中的天然气，气藏中的天然气以气相存在，通过气井开采出来，其中甲烷含量较高。

凝析气，即凝析气田中的天然气，是在气藏中以气态存在但开采到地面后会分离出一定量的液态烃的气田气，其凝析液主要为凝析油，有的可能还有部分凝析水，这类气田的井流物除含有甲烷、乙烷外，还含有一定量的丙烷、丁烷及戊烷以上的烃类。

油田气，它伴随原油共生，在油藏中溶于油，在开采过程中当压力低于泡点压力时才从油中脱出。其特点是乙烷和乙烷以上的烃类含量比气田气高。

2.按天然气的烃类组成分类

按天然气烃类组成的多少来分类，可分为干气、湿气或贫气、富气。

1) C_5 界定法——干、湿气的划分

干气：在 $1Sm^3$(CHN)井流物中，C_5 以上烃液含量低于 $13.5cm^3$ 的天然气。

湿气：在 $1Sm^3$(CHN)井流物中，C_5 以上烃液含量高于 $13.5cm^3$ 的天然气。

2) C_3 界定法——贫、富气的划分

贫气：在 $1Sm^3$(CHN)井流物中，C_3 以上烃液含量低于 $94cm^3$ 的天然气。

富气：在 $1Sm^3$(CHN)井流物中，C_3 以上烃液含量高于 $94cm^3$ 的天然气。

3.按酸气含量分类

按酸气含量多少，天然气可分为酸性天然气和洁气。

酸性天然气指含有显著量的硫化物或 CO_2 等酸气，必须经处理后才能达到管输标准或商品气气质指标的天然气。

洁气是指硫化物含量甚微或根本不含硫化物，不需净化就可外输和利用的天然气。

由此可见，酸性天然气和洁气的划分采取了模糊的判据，对具体的数值并无统一的标准。在我国，由于对 CO_2 的净化要求不严格，而一般将硫含量 $20mg/Sm^3$(CHN)作为界定指标，硫含量高于 $20mg/Sm^3$(CHN)的天然气称为酸性天然气，硫含量低于 $20mg/Sm^3$ 的称为洁气。

净化后达到管输要求的天然气称为净化气。

此外，在烃类气藏中常有二氧化碳共存，有的以二氧化碳为主，伴生有甲烷和氮气。目前世界上发现了不少二氧化碳纯气藏。

2.2　H_2S 和 CO_2 气体的物理化学性质

2.2.1　H_2S 的物理化学性质

H_2S 是一种无色有毒、易燃、有臭鸡蛋味的气体。H_2S 在水中有中等程度的溶解度，水溶液为氢硫酸，具有强烈腐蚀性，且在有机溶剂中的溶解度比在水中的溶解度大。H_2S 在空气中的自燃温度约 250℃，爆炸极限为 4%~46%(体积分数)。低温下 H_2S 可与水形成结晶状的水合物。H_2S 不稳定、受热易分解，溶解在液硫中会形成多硫化氢。H_2S 中 S 的氧化数为-2，处于 S 的最低氧化态，所以 H_2S 的一个重要化学性质是具有还原性，能被 I_2、Br_2、O_2、SO_2 等氧化剂氧化成单质 S，甚至氧化成硫酸。

2.2.2 CO_2 的物理化学性质

在通常状况下，CO_2 气体是一种无色、无臭、带有酸味的气体，能溶于水，在水中的溶解度为 0.1449g/100g 水（25℃）。在 20℃时，将 CO_2 气体加压到 $5.9×10^6$Pa 即可变成无色液体，在-56.6℃、$5.27×10^5$Pa 时变成固体。液态二氧化碳减压迅速蒸发时，一部分吸热气化，另一部分骤冷变成雪状固体，固体状的二氧化碳俗称"干冰"。二氧化碳无毒，但不能供给动物呼吸，是一种窒息性气体。二氧化碳在尿素生产、油气田增产、冶金、超临界等方面有广泛的应用。

CO_2 中的碳是最高氧化态，具有非常稳定的化学性质。它无还原性，有弱氧化性，但在高温或催化剂存在的情况下可参与某些化学反应。CO_2 是典型的酸性氧化物，具有酸性氧化物的通性，和水生成碳酸，和碱性氧化物反应生成盐，少量时和碱反应生成正盐和水，足量时和碱反应生成酸式盐和水。

2.3   含 H_2S 和 CO_2 天然气的主要性质

2.3.1   天然气的黏度

黏度是天然气的重要物理性质，确定气体黏度的唯一精确方法是实验方法，然而，用实验方法确定黏度非常困难，而且时间很长，如果有 H_2S 气体，实验很危险。因此，通常是应用与黏度有关的相关式确定。酸性气体黏度的预测方法通常有四大类，即状态方程法、Carr 黏度图版法、经验公式法和对应状态原理法。

1.黏度计算模型

1）状态方程法

状态方程法是基于 P-V-T 和 T-μ-P 图形的相似性，结合立方型状态方程而建立的预测酸性气体黏度的解析模型。该方法由 Little 和 Kennedy（1968）首次建立了基于范德华状态方程的计算烃类气、液相黏度的统一模型。此后，王利生和郭天民（1992）基于三参数 Patel-Teja 状态方程，分别建立了各自对应的黏度模型，并成功地应用到油气藏流体黏度的计算中。随后，郭绪强等（2000）基于 PR 状态方程，建立了能同时预测气、液相黏度的统一模型。

基于 PR 状态方程的黏度模型为

$$T = \frac{r_m' p}{\mu_m - b_m'} - \frac{a_m}{\mu_m(\mu_m + b_m) + b_m(\mu_m - b_m)} \tag{2-1}$$

式中，下标 m 代表该参数在混合物状态下计算。

式（2-1）中，a_m、b_m、b_m'、r_m' 分别采用式（2-2）～式（2-5）计算：

$$a_{\mathrm{m}} = \sum_i x_i a_i \tag{2-2}$$

$$b_{\mathrm{m}} = \sum_i x_i b_i \tag{2-3}$$

$$b'_{\mathrm{m}} = \sum_i \sum_j x_i x_j \sqrt{b'_i b'_j}(1-k_{ij}) \tag{2-4}$$

$$r'_{\mathrm{m}} = \sum_i x_i r' \tag{2-5}$$

纯组分中，中间变量 r'、b' 根据式(2-6)进行计算：

$$\begin{cases} r' = r_{\mathrm{c}} \tau(T_r, p_r) \\ b' = b\varphi(T_r, p_r) \end{cases} \tag{2-6}$$

式中，$r_{\mathrm{c}} = \dfrac{\mu_{\mathrm{c}} T_{\mathrm{c}}}{P_{\mathrm{c}} Z_{\mathrm{c}}}$，其中 $\mu_{\mathrm{c}} = 7.7 T_{\mathrm{c}}^{-1/6} M^{0.5} p_{\mathrm{c}}^{2/3}$。

纯组分中引力系数 a 和斥力系数 b 可由临界性质计算：

$$\begin{cases} a = 0.45724 \dfrac{r_{\mathrm{c}}^2 p_{\mathrm{c}}^2}{T_{\mathrm{c}}} \\ b = 0.0778 \dfrac{r_{\mathrm{c}} p_{\mathrm{c}}}{T_{\mathrm{c}}} \end{cases} \tag{2-7}$$

而 $\tau(T_r, p_r)$、$\varphi(T_r, p_r)$ 通过式(2-8)和式(2-9)进行计算：

$$\tau(T_r, p_r) = [1 + Q_1(\sqrt{T_r p_r} - 1)]^{-2} \tag{2-8}$$

$$\varphi(T_r, p_r) = \exp[Q_2(\sqrt{T_r} - 1)] + Q_3(\sqrt{p_r} - 1)^2 \tag{2-9}$$

式(2-8)和式(2-9)中的参数 $Q_1 \sim Q_3$ 已普遍化为偏心因子 ω 的关联式。

对于 $\omega < 0.3$ 有

$$\begin{cases} Q_1 = 0.829599 + 0.350857\omega - 0.74768\omega^2 \\ Q_2 = 1.94546 - 3.19777\omega + 2.80193\omega^2 \\ Q_3 = 0.299757 + 2.20855\omega - 6.64959\omega^2 \end{cases} \tag{2-10}$$

对于 $\omega \geqslant 0.3$ 有

$$\begin{cases} Q_1 = 0.956763 + 0.192829\omega - 0.303189\omega^2 \\ Q_2 = -0.258789 - 37.1071\omega + 20.551\omega^2 \\ Q_3 = 5.16307 - 12.8207\omega + 11.0109\omega^2 \end{cases} \tag{2-11}$$

对含 μ 的多项式用解析法求解时，在对应的温度和压力下，酸性气体黏度为大于 b 的最小实根。

式(2-1)~式(2-11)中，μ——气体黏度，10^{-4}mPa·s；

　　　　　　p——压力，0.1MPa；

　　　　　　T——温度，K；

　　　　　　a、b——对应状态方程中的引力系数和斥力系数；

　　　　　　r_{c}——临界性质的关联参数。

　　　　　　k_{ij}——平衡常数；

M——摩尔质量，$g\cdot mol^{-1}$；

ω ——偏心因子；

b'、r'、τ、$Q_1\sim Q_3$——中间变量，无特殊物理含义；

T_r、p_r——分别表示对比温度和对比压力；

T_c、p_c——分别表示临界温度和临界压力，K 和 MPa；

下标 i、j——组分代号。

2) 图版法和经验公式法

图版法普遍选用 Carr、Kobayshi 和 Burrows 发表的图版，该图版考虑了非烃气体存在对气体黏度的影响，采用非烃校正图版对混合气体黏度进行校正，其非烃气体黏度校正值，可以根据天然气相对密度和非烃气体体积百分数从相应的插图中查出。

采用图版法时必须首先根据已知的温度 T、分子量 M_g 或相对密度，在图版中查得大气压力下的气体黏度，然后根据所给状态算出对比参数，即对比压力和对比温度，再从图版中查得黏度比值，就可以得到图版法黏度值。

经验公式法是建立在常规气体黏度的经验预测方法基础上，通过拟合实验图版，对常规气体黏度进行校正后得到的。常规气体黏度的经验预测方法中，主要有 Lee-Gonzalez (LG)法、Lohrenz-Bray-Clark(LBC)法和 Dempsey(D)法。由于酸性气体中 H_2S 和 CO_2 等非烃气体组分的影响，酸性气体的黏度往往比常规气体的黏度要高，因此在常规气体黏度的经验预测方法基础上，需要对酸性气体的黏度进行非烃校正。

(1) Lee-Gonzalez 法(LG 法)

Lee 和 Gonzalez 等对四个石油公司提供的 8 个天然气样品，在温度 37.8~171.2℃和压力 0.1013~55.158MPa 条件下，进行黏度和密度的实验测定，利用测定的数据得到了如下的相关经验公式：

$$\mu_g = 10^{-4} K \exp(X\rho_g^Y) \tag{2-12}$$

$$K = \frac{2.6832\times 10^{-2}(470+M_g)T^{1.5}}{116.1111+10.5556M_g+T} \tag{2-13}$$

$$X = 0.01\left(350+\frac{54777.78}{T}+M_g\right) \tag{2-14}$$

$$Y = 0.2(12-X) \tag{2-15}$$

$$\rho_g = \frac{10^{-3}M_{air}\gamma_g p}{ZRT} \tag{2-16}$$

式(2-12)~式(2-16)中，μ_g ——地层天然气的黏度，$mPa\cdot s$；

ρ_g ——地层天然气的密度，$g\cdot cm^{-3}$；

M_g ——天然气的分子量，$kg\cdot kmol^{-1}$；

M_{air} ——空气的分子量，$kg\cdot kmol^{-1}$；

T ——地层温度，K；

p ——压力，MPa；

Z——偏差系数；

γ_g——天然气的相对密度（$\gamma_{空气}=1$）；

X、Y、K——计算参数；

R——气体常数，MPa·m^3·kmol^{-1}·K^{-1}。

（2）Lohrenz-Bray-Clark 法（LBC 法）

Lohrenz 等在 1964 年提出如下公式计算高压气体黏度：

$$[(\mu-\mu_{g1})\xi+10^{-4}]^{1/4}=a_1+a_2\rho_r+a_3\rho_r^2+a_4\rho_r^3+a_5\rho_r^4 \tag{2-17}$$

式中，a_1=0.1023；a_2=0.023364；a_3=0.058533；a_4=−0.040758；

μ_{g1}——气体在低压下的黏度，mPa·s；

ρ_r——对比密度，$\rho_r=\dfrac{\rho}{\rho_c}$，其中 $\rho_c=(V_c)^{-1}=\left[\displaystyle\sum_{\substack{i=1\\i\neq C_{7+}}}^{N}z_iV_{ci}+z_{C_{7+}}V_{c_{C_{7+}}}\right]^{-1}$，$V_{c_{C_{7+}}}$ 可由下式

确定：

$$V_{c_{C_{7+}}}=21.573+0.015122MW_{C_{7+}}-27.656SG_{C_{7+}}+0.070615MW_{C_{7+}}SG_{C_{7+}} \tag{2-18}$$

ξ——按照下式计算：

$$\xi=\left(\sum_{i=1}^{N}T_{ci}z_i\right)^{\frac{1}{6}}\left(\sum_{i=1}^{N}MW_iz_i\right)^{-\frac{1}{2}}\left(\sum_{i=1}^{N}p_{ci}z_i\right)^{-\frac{2}{3}} \tag{2-19}$$

对于气体在低压下的黏度，可用 Herning 和 Zipperer 混合定律确定：

$$\mu_{g1}=\frac{\displaystyle\sum_{i=1}^{n}\mu_{gi}Y_iM_i^{0.5}}{\displaystyle\sum_{i=1}^{n}Y_iM_i^{0.5}} \tag{2-20}$$

式中，M_i——气体中 i 组分的分子量；

Y_i——混合气体中 i 组分的摩尔分数。

式（2-20）中，μ_{gi} 为 1 个大气压和给定温度下单组分气体的黏度，其关系可由 Stiel & Thodos 式确定：

$$\mu_{gi}=34\times10^{-5}\frac{1}{\xi_i}T_{ri}^{0.94},\quad T_{ri}<1.5 \tag{2-21}$$

$$\mu_{gi}=17.78\times10^{-5}\frac{1}{\xi_i}(4.58T_{ri}-1.67)^{\frac{5}{8}},\quad T_{ri}\geqslant1.5 \tag{2-22}$$

（3）Dempsey 法（D 法）

Dempsey 对 Carr 等的图进行拟合，得到：

$$\ln\left(\frac{\mu_gT_r}{\mu_1}\right)=A_0+A_1p_r+A_2p_r^2+A_3p_r^3+T_r(A_4+A_5p_r+A_6p_r^2+A_7p_r^3)$$
$$+T_r^2(A_8+A_9p_r+A_{10}p_r^2+A_{11}p_r^3)+T_r^3(A_{12}+A_{13}p+A_{14}p_r^2+A_{15}p_r^3) \tag{2-23}$$

$$\mu_1=(1.709\times10^{-5}-2.062\times10^{-6}\gamma_g)(1.8T+32)+8.188\times10^{-3}-6.15\times10^{-3}\log\gamma_g \tag{2-24}$$

式中，A_0=−2.462 118 2；A_1=2.970 547 14；A_2=−0.286 264 054；A_3=0.008 054 205 22；

A_4=2.808 609 49；A_5=−3.498 033 05；A_6=0.360 373 02；A_7=−0.010 443 241 3；

A_8=-0.793 385 684；A_9=1.396 433 06；A_{10}=-0.149 144 925；A_{11}=0.004 410 155 12；

A_{12}=0.083 938 717 8；A_{13}=-0.186 408 846；A_{14}=0.020 336 788 1；

A_{15}=-0.000 609 579 263；

　　μ_1——在 1 个大气压和给定温度下单组分气体的黏度，mPa·s。

3）对应状态原理法

计算气体黏度的对应状态原理是 Pedersen 等在 1984 年提出来的。在对应状态基础上，将气体黏度表示成对比温度和对比密度的函数。通过对应状态原理，可以建立计算酸性气体黏度的通用方法。

2.黏度非烃校正模型

与常规气藏流体相比，酸气的黏度要偏大。因此，在使用经验公式计算酸性气体黏度时，还应该进行非烃校正。

1）杨继盛校正（YJS 校正）

杨继盛提出的非烃校正主要是对 Lee-Gonzalez 经验公式中的式（2-12）进行校正。

$$K' = K + K_{H_2S} + K_{CO_2} + K_{N_2} \tag{2-25}$$

式中，K'——校正后的经验系数；

　　　　K——经验系数；

　　　　K_{H_2S}、K_{CO_2} 和 K_{N_2}——当天然气中有 H_2S、CO_2 和 N_2 存在时所引起的附加黏度校正系数。

对于 $0.6<\gamma_g<1$ 的天然气：

$$K_{H_2S} = Y_{H_2S}(0.000057\gamma_g - 0.000017)\times 10^4 \tag{2-26}$$

$$K_{CO_2} = Y_{CO_2}(0.000050\gamma_g + 0.000017)\times 10^4 \tag{2-27}$$

$$K_{N_2} = Y_{N_2}(0.00005\gamma_g + 0.000047)\times 10^4 \tag{2-28}$$

对于 $1<\gamma_g<1.5$ 的天然气：

$$K_{H_2S} = Y_{H_2S}(0.000029\gamma_g + 0.0000107)\times 10^4 \tag{2-29}$$

$$K_{CO_2} = Y_{CO_2}(0.000024\gamma_g + 0.000043)\times 10^4 \tag{2-30}$$

$$K_{N_2} = Y_{N_2}(0.000023\gamma_g + 0.000074)\times 10^4 \tag{2-31}$$

式中，Y_{H_2S}、Y_{CO_2} 和 Y_{N_2}——天然气中 H_2S、CO_2 和 N_2 的体积百分数。

因此，将 Lee-Gonzalez 法（LG 法）经验公式校正为

$$\mu_g = 10^{-4}K'\exp\left(X\rho_g^Y\right) \tag{2-32}$$

式中，μ_g——地层天然气的黏度，mPa·s；

　　　　ρ_g——地层天然气的密度，g·cm^{-3}；

　　　　X、Y——计算参数。

2) Standing 校正

Standing 提出的校正公式为

$$\mu_1' = (\mu_1)_m + \mu_{N_2} + \mu_{CO_2} + \mu_{H_2S} \tag{2-33}$$

式中各校正系数为

$$\mu_{H_2S} = M_{H_2S} \cdot (8.49 \times 10^{-3} \log \gamma_g + 3.73 \times 10^{-3}) \tag{2-34}$$

$$\mu_{CO_2} = M_{CO_2} \cdot (9.08 \times 10^{-3} \log \gamma_g + 6.24 \times 10^{-3}) \tag{2-35}$$

$$\mu_{N_2} = M_{N_2} \cdot (8.48 \times 10^{-3} \log \gamma_g + 9.59 \times 10^{-3}) \tag{2-36}$$

式 (2-33) ～式 (2-36) 中，μ_1'——混合物的黏度校正值，mPa·s；

$(\mu_1)_m$——混合物的黏度，mPa·s；

μ_{H_2S}、μ_{CO_2}、μ_{N_2}——H₂S、CO₂ 和 N₂ 黏度校正值，mPa·s；

M_{N_2}、M_{CO_2}、M_{H_2S}——该项气体占气体混合物的摩尔含量，小数；

γ_g——天然气相对密度（$\gamma_{空气} = 1.0$）；

该校正方法只适用于 Dempsey 法。

3.天然气黏度计算模型的对比分析

各种经验预测方法在低压下的应用范围是相同的，基于酸性天然气开采的需要，有必要对现有黏度模型在低压下的计算精度进行比较研究，以减少因气体黏度计算误差而导致的工程计算累计误差。根据 SPE74369 文献提供的酸性天然气组成（表 2-1），通过比较不同黏度计算模型的结果（表 2-2），采用平均误差（E_1）和均方差（E_2）对各种偏差系数计算模型进行统计分析评价，发现 D 法（Standing 校正）计算误差最小，见表 2-3，因此一般推荐采用该方法进行酸性天然气黏度计算。

表 2-1　酸性天然气组成（%）

样品	甲烷	乙烷	丙烷	正丁烷	异丁烷	正戊烷	异戊烷	己烷	C₇₊	氮	二氧化碳	硫化氢
1	67.71	8.71	3.84	0.50	1.56	0.56	0.82	0.83	6.56	0.64	0.96	7.08
2	75.61	0.71	0.06	0.02	0.02	0.00	0.00	0.00	0.00	0.46	0.50	22.60
3	44.47	0.23	0.06	0.02	0.03	0.02	0.01	0.03	0.00	2.66	3.08	49.35
4	20.24	0.16	0.00	0.00	0.00	0.00	0.00	0.00	0.00	0.92	8.65	70.03

表 2-2　不同黏度计算模型的对比　　　　　　　（单位：mPa·s）

样品	LG 法	LG 法（YJS 校正）	D 法	D 法（Standing 校正）
1	0.03276	0.03368	0.02664	0.02741
2	0.03242	0.03392	0.02805	0.02950
3	0.05632	0.06755	0.02275	0.02736
4	0.01982	0.02627	0.01454	0.01929

表 2-3 不同黏度计算模型的误差对比

计算模型	E_1	E_2
LG 法	0.00433	0.01404
LG 法(YJS 校正)	0.00935	0.01945
D 法	-0.00801	0.00933
D 法(Standing 校正)	-0.00511	0.00754

2.3.2 天然气的偏差系数

天然气偏差系数又称压缩系数(因子),是指在相同温度、压力下,真实气体所占体积与相同量理想气体所占体积的比值。偏差系数随气体组分及压力和温度的变化而变化。酸性气体偏差系数的测定通常采用实验法,其计算模型通常有图版法、状态方程法、经验公式法和 C_{n+} 重馏分特征化处理法。

1.实验测定法

由于硫化氢的剧毒性,国内外所做的相关实验较少。Lewis 和 Fredericks(1968)、里群等(1994)、Elsharkawy(2000)等均通过实验测试了酸性气体的偏差系数。1968 年,Lewis 和 Fredericks(1968)测试了纯硫化氢气体的偏差系数。在较低压力范围时,硫化氢偏差系数随压力增加而减小,并且温度越高,偏差系数相对越大。但是在较高压力范围时,正好和较低压力范围时呈相反结果,即硫化氢随压力增加而变大,并且温度越高,偏差系数反而越小。

2001 年,Elsharkawy 通过实验得到了不同组成的酸性气体的偏差系数,也基本遵循低压条件下随压力增加而降低,高压条件下随压力增加而增加的规律。

2.偏差系数计算模型

1)图版法

对于不含 H_2S 和 CO_2 的天然气,图版法计算其偏差系数是比较成熟的方法。主要采用 Standing-Katz 图版,利用对比状态原理查图可得到对应温度、压力下的气体偏差系数,只要知道天然气的拟对比压力(p_{pr})和拟对比温度(T_{pr}),就能从图中的对应曲线上查出偏差系数。对含有微量非烃类,如含 N_2 的无硫气,这种方法一般来说是可靠的,当然,在目前看来,由于查图版的方法带有人为主观性,会造成不必要的误差,因此,这种方法已经很少运用。

2)状态方程法

现在常用的状态方程有 RK(Redlich-Kwong)状态方程、SRK(Soave-Redlich-Kwong)状态方程、PR(Peng-Robinson)状态方程、SW(Schmidt-Wenzel)状态方程、PT(Patel-Teja)状态方程等,它们都是以范德华方程(Vander Waals)为基础的。

（1）SRK（Soave-Redlich-Kwong）状态方程

1961 年，Pitzer 发现具有不对称偏心力场的硬球分子体系，其对比蒸汽压（p_{s}/p_{c}，p_{s} 为其饱和蒸汽压，p_{c} 为临界蒸汽压）要比简单球形对称分子的蒸汽压低，偏心度越大，偏差程度越大。他从分子物理学角度，用非球形不对称分子间相互作用位形能（引力和斥力强度）与简单球形对称非极性分子间位形能的偏差程度来解释，引入了偏心因子这个物理量：$\omega = -\log\left(p_{rs}\right)_{T_{r}=0.7} -1$。其中，$p_{rs}$ 为不同分子体系在 T_{r}=0.7 时的对比蒸汽压；$T_{r} = T/T_{c}$，为对比温度。

Soave 将偏心因子作为第三个参数引入状态方程，随后又有学者通过努力对三次方程进行了改进，使其实用化有了长足的进步。后来这些改进的三次方程被引入到油、气藏流体相平衡计算中。SRK 方程的形式是：

$$p = \frac{RT}{V-b} - \frac{a\alpha(T)}{V(V+b)} \tag{2-37}$$

式中，a、b——计算参数。

与 RK 方程相比，Soave 状态方程中引入了一个有一般化意义的温度函数 $\alpha(T)$，用于改善烃类等实际复杂分子体系对 PVT 相态特征的影响。用式（2-37）拟合不同物质实测蒸汽压数据，得到不同的纯组分物质的 $\alpha(T)$ 与温度的函数形式：

$$\alpha_{i}(T) = \left[1 + m_{i}\left(1 - T_{ri}^{0.5}\right)\right]^{2} \tag{2-38}$$

式中，T_{ri}——平衡混合气相和混合液相中组分 i 的对比温度。

Soave 进一步把 m 关联为物质偏心因子的函数，得到的关联式为

$$m_{i} = 0.480 + 1.574\omega_{i} - 0.176\omega_{i}^{2} \tag{2-39}$$

SRK 方程仍满足临界点条件，此时，对油气烃类体系中各组分的物性仍有

$$a_{i} = 0.42748\frac{R^{2}T_{ci}^{2}}{p_{ci}} \tag{2-40}$$

$$b_{i} = 0.08664\frac{RT_{ci}}{p_{ci}} \tag{2-41}$$

式中，p_{ci}——平衡混合气相和混合液相中组分 i 的临界压力，MPa；

T_{ci}——平衡混合气相和混合液相中组分 i 的临界温度，K。

SRK 方程仍然满足范德华状态方程的临界点条件，仍可由烃类纯组分物质的临界参数计算参数 a、b。

其中用于多组分混合体系计算压力的方程如下：

$$p = \frac{RT}{V-b_{m}} - \frac{a_{m}(T)}{V(V+b_{m})} \tag{2-42}$$

式中，a_{m}、b_{m} 分别为混合体系的平均引力系数和斥力系数，由下列混合规则求得：

$$a_{m}(T) = \sum_{i=1}^{n}\sum_{j=1}^{n} x_{i}x_{j}\left(a_{i}a_{j}\alpha_{i}\alpha_{j}\right)^{0.5}\left(1 - k_{ij}\right) \tag{2-43}$$

式中，k_{ij}——PR 状态方程的二元交互作用系数，可在相关文献中查得，也可利用相关公式通过对实验数据的拟合求得；

x_i、x_j——分别表示平衡混合气相和混合液相中各组分的组成；

a_i——计算公式同式(2-7)。

i、j——平衡混合气相和混合液相中各组分。

$$b_m = \sum_{i=1}^{n} x_i b_i \tag{2-44}$$

式中，b_i——计算公式同式(2-7)。

计算偏差系数的方程如下：

$$Z_m^3 - Z_m^2 + \left(A_m - B_m - B_m^2\right) Z_m - A_m B_m = 0 \tag{2-45}$$

式中，A_m、B_m——混合体系平均参数。

对于混合物：

$$A_m = \frac{a_m(T) p}{(RT)^2} \tag{2-46}$$

$$B_m = \frac{b_m p}{RT} \tag{2-47}$$

(2) PR (Peng-Robinson) 状态方程

1976 年，Peng 和 Robinson 对 SRK 方程作出了进一步改进，简称 PR 方程：

$$p = \frac{RT}{V-b} - \frac{aa(T)}{V(V+b)+b(V+b)} \tag{2-48}$$

自 PR 方程发表之后，首先被广泛用于各种纯物质及其混合物热力学性质的计算，继而又用于气、液两相平衡物性的计算，并对它作了比较全面的检验。PR 方程是目前在油气藏烃类体系相态模拟计算中使用最为普遍、公认为最好的状态方程之一。对于纯组分物质体系，PR 方程仍能满足 VDW 方程所具有的临界点条件，式中 a、b 为

$$a_i = 0.45724 \frac{R^2 T_{ci}^2}{p_{ci}} \tag{2-49}$$

$$b_i = 0.07780 \frac{RT_{ci}}{p_{ci}} \tag{2-50}$$

沿用 Soave 的关联方法，PR 方程中可调温度函数的关联式为

$$\alpha_i(T) = \left[1 + m_i \left(1 - T_{ri}^{0.5}\right)\right]^2 \tag{2-51}$$

$$m_i = 0.37464 + 1.54226\omega_i - 0.26992\omega_i^2 \tag{2-52}$$

对于油气藏烃类多组分混合体系，计算压力的方程如下：

$$p = \frac{RT}{V-b_m} - \frac{a_m(T)}{V(V+b_m)+b_m(V-b_m)} \tag{2-53}$$

式中，a_m、b_m 仍沿用 SRK 方程的混合规则求得：

$$a_m(T) = \sum_{i=1}^{n} \sum_{j=1}^{n} x_i x_j \left(a_i a_j \alpha_i \alpha_j\right)^{0.5} \left(1 - k_{ij}\right) \tag{2-54}$$

$$b_m = \sum_{i=1}^{n} x_i b_i \tag{2-55}$$

PR 方程对应的混合物的偏差系数三次方程为

$$Z_m^3 - (1 - B_m)Z_m^2 + (A_m - 2B_m - 3B_m^2)Z_m - (A_m B_m - B_m^2 - B_m^3) = 0 \tag{2-56}$$

$$A_m = \frac{a_m(T)p}{(RT)^2} \tag{2-57}$$

$$B_m = \frac{b_m p}{RT} \tag{2-58}$$

以上各式中，k_{ij} 为 PR 状态方程的二元交互作用系数，可在相关文献中查得，也可利用相关公式通过对实验数据的拟合求得，其他参数与 SRK 方程相同。

（3）SW（Schmidt-Wenzel）状态方程

SW 状态方程是 1980 年 Schmidt 和 Wenzel 在对 SRK 方程和 PR 方程结构作一般性分析的基础上提出的一个新的状态方程。

Schmidt 和 Wenzel 将 SRK 方程和 PR 方程写成如下两种形式：

$$p = \frac{RT}{V-b} - \frac{a\alpha(T)}{V^2 + bV} \tag{2-59}$$

$$p = \frac{RT}{V-b} - \frac{a\alpha(T)}{V^2 + 2bV - b^2} \tag{2-60}$$

用 SRK 方程和 PR 方程计算不同物质的液相容积并与实测值对比，发现 SRK 方程和 PR 方程由于引力项中 $g(V, b)$ 函数形式的不同，而各自适用于有不同偏心因子数值的物质。经过关联计算，Schmidt 和 Wenzel 给出了 SW 方程：

$$p = \frac{RT}{V-b} - \frac{a\alpha(T)}{V^2 + (1+3\omega)bV - 3\omega b^2} \tag{2-61}$$

SW 方程的出发点是进一步改善状态方程对液相容积特性和较强极性物质热力学特性的预测精度，改善气、液两相平衡计算结果。SW 方程仍满足三次方型状态方程的临界点条件，但由于新参数的引入，使方程的进一步处理更为复杂。在临界点得到纯物质的方程系数：

$$a_i = \Omega_{ai} \frac{R^2 T_{ci}^2}{p_{ci}} \tag{2-62}$$

$$\Omega_{ai} = \left[1 - \xi_{ci}(1 - \beta_{ci})\right]^3 \tag{2-63}$$

$$\Omega_{bi} = \beta_{ci}\xi_{ci} \tag{2-64}$$

式（2-62）～式（2-64）中，Ω_{ai}、Ω_{bi}——SW 方程中满足三次方型状态方程的临界点条件而引入的新参数；

β_{ci}——SW 方程中满足三次方型状态方程的临界点条件而引入的新参数，由下式确定：

$$\beta_{ci} = 0.25989 - 0.0217\omega_i + 0.00375\omega_i^2 \tag{2-65}$$

ξ_{ci} 是由 SW 方程确定的理论临界偏差系数，由下式求出：

$$\xi_{ci} = \frac{1}{3(1 + \beta_{ci}\omega_i)} \tag{2-66}$$

与 SRK 方程和 PR 方程不同，SW 方程理论临界偏差系数已不再对所有物质保持常数，而表示为偏心因子的函数，这显然能更好地适用于不同偏心因子的物质。对于油气藏烃类多组分混合体系，SW 方程的形式包括压力方程和偏差系数方程。

压力方程：

$$p = \frac{RT}{V - b_\mathrm{m}} - \frac{a_\mathrm{m}(T)}{V^2 + (1 + 3\omega_\mathrm{m})b_\mathrm{m}V - 3\omega_\mathrm{m}b_\mathrm{m}^2} \tag{2-67}$$

式中，$a_\mathrm{m}(T)$、b_m、ω_m 分别由下列混合规则求得

$$a_\mathrm{m}(T) = \sum_{i=1}^n \sum_{j=1}^n x_i x_j \left(a_i a_j \alpha_i \alpha_j\right)^{0.5} \left(1 - k_{ij}\right) \tag{2-68}$$

$$b_\mathrm{m} = \sum_{i=1}^n x_i b_i \tag{2-69}$$

$$\omega_\mathrm{m} = \frac{\sum_{i=1}^n \omega_i x_i b_i^{0.7}}{\sum_{i=1}^n x_i b_i^{0.7}} \tag{2-70}$$

偏差系数方程：

$$Z_\mathrm{m}^3 - (U_\mathrm{m}B_\mathrm{m} - B_\mathrm{m} - 1)Z_\mathrm{m}^2 + (W_\mathrm{m}B_\mathrm{m}^2 - U_\mathrm{m}B_\mathrm{m}^2 - U_\mathrm{m}B_\mathrm{m} + A_\mathrm{m})Z_\mathrm{m} - (W_\mathrm{m}B_\mathrm{m}^3 + W_\mathrm{m}B_\mathrm{m}^2 + A_\mathrm{m}B_\mathrm{m}) = 0 \tag{2-71}$$

式中，对于气、液相混合物有

$$U_\mathrm{m} = 1 + 3\omega_\mathrm{m} \tag{2-72}$$

$$W_\mathrm{m} = -3\omega_\mathrm{m} \tag{2-73}$$

$$A_\mathrm{m} = \frac{a_\mathrm{m}(T)p}{R^2 T^2} \tag{2-74}$$

$$B_\mathrm{m} = \frac{b_\mathrm{m}p}{RT} \tag{2-75}$$

式中，U_m、W_m、A_m、B_m——计算参数。

SW 方程结构体系较为复杂，应用某些数值算法时数学处理较困难，故其在相平衡计算中的应用不及 SRK 方程和 PR 方程普遍。

（4）PT（Patel-Teja）状态方程

PT 状态方程是 1980 年由 Patel 和 Teja 在 PR 方程引力项中引入一个新的特性参数（c）而得到的改进式。其目的也是为了拓宽状态方程对密度、温度及实际物质的适应范围。在这里不再详述，只给出其方程形式：

$$p = \frac{RT}{V - b} - \frac{a\alpha(T)}{V(V - b) + c(V - b)} \tag{2-76}$$

应用临界点条件得到纯物质的方程系数：

$$a_i = \Omega_{ai} \frac{R^2 T_{ci}^2}{p_{ci}} \tag{2-77}$$

$$b_i = \Omega_{bi} \frac{RT_{ci}}{p_{ci}} \tag{2-78}$$

$$c_i = \Omega_{ci} \frac{RT_{ci}}{p_{ci}} \tag{2-79}$$

式中，Ω_{ai}、Ω_{bi}、Ω_{ci}——PT 方程中的计算参数，分别由下式确定：

$$\Omega_{ai} = 3\xi_{ci}^2 + 3\left(1 - 2\xi_{ci}\right)\Omega_{bi} + \Omega_{bi}^2 + 1 - 3\xi_{ci} \tag{2-80}$$

$$\Omega_{bi} = 0.32429\xi_{ci} - 0.022005 \tag{2-81}$$

$$\Omega_{ci} = 1 - 3\xi_{ci} \tag{2-82}$$

式中，ξ_{ci}——由 PT 方程确定的理论临界偏差系数。

3）经验公式法

采用经验公式法计算酸性气体偏差系数的方法很多，目前较为常用的方法主要有：Dranchuk–Purvis-Robinson（DPR）法、Hall & Yarborough（HY）法、Sarem 方法、Dranchuk-Abu-Kassem（DAK）法、Hankinson-Thomas-Phillips（HTP）法、Beggs-Brill（BB）法和李相方（LXF）法等。

（1）Dranchuk-Purvis-Robinson（DPR）法

Dranchuk、Purvis 和 Robinson 根据 Benedict-Webb-Rubin 状态方程，将偏差系数转换为拟对比压力和拟对比温度的函数，于 1974 年推导出了带 8 个常数的经验公式，其形式为

$$Z = 1 + \left(A_1 + \frac{A_2}{T_{pr}} + \frac{A_3}{T_{pr}^3}\right)\rho_{pr} + \left(A_4 + \frac{A_5}{T_{pr}}\right)\rho_{pr}^2 + \left(\frac{A_5 A_6}{T_{pr}}\right)\rho_{pr}^5 + \frac{A_7}{T_{pr}^3}\rho_{pr}^2(1 + A_8\rho_{pr}^2)\exp(-A_8\rho_{pr}^2) \tag{2-94}$$

其中，

$$\rho_{pr} = 0.27 p_{pr} / \left(ZT_{pr}\right) \tag{2-95}$$

式中，$A_1 \sim A_8$ 为系数，其值如下：

A_1=0.315 062 37，A_2=-1.046 709 9，A_3=-0.578 327 29，A_4=0.535 307 71，

A_5=-0.612 320 32，A_6=-0.104 888 13，A_7=0.681 570 01，A_8=0.684 465 49

DPR 法用牛顿迭代法解非线性问题可得到偏差系数的值。这种方法的使用范围是：$1.05 \leqslant T_{pr} \leqslant 3$；$0.2 \leqslant p_{pr} \leqslant 30$。

（2）Hall & Yarborough（HY）法

该法以 Starling-Carnahan 状态方程为基础，通过对 Standing-Katz 图版进行拟合，得到以下关系式：

$$Z = 0.06125\left[p_{pr} / \left(\rho_{pr}T_{pr}\right)\right]\exp\left[-1.2(1 - 1/T_{pr})^2\right] \tag{2-96}$$

式中，ρ_{pr}——拟对比密度，可用牛顿迭代法由如下方程求得：

$$\frac{\rho_{pr} + \rho_{pr}^2 + \rho_{pr}^3 - \rho_{pr}^4}{(1 - \rho_{pr})^3} - (14.76 / T_{pr} - 9.76 / T_{pr}^2 + 4.58 / T_{pr}^3)\rho_{pr}^2$$

$$+ (90.7 / T_{pr} - 242.2 / T_{pr}^2 + 42.4 / T_{pr}^3)\rho_{pr}^{(2.18+2.82/T_{pr})} \tag{2-97}$$

$$- 0.06152(p_{pr} / T_{pr})\exp\left[-1.2(1 - 1/T_{pr})^2\right] = 0$$

该法应用范围是：$1.2 \leqslant T_{pr} \leqslant 3$；$0.1 \leqslant p_{pr} \leqslant 24.0$。

(3) Dranchuk-Abu-Kassem (DAK) 法

计算 Z 系数的公式与 Dranchuk-Purvis-Robinson 计算法相同，但其相对密度应采用牛顿迭代法由下式求得

$$1+\left(A_1+\frac{A_2}{T_{pr}}+\frac{A_3}{T_{pr}^3}+\frac{A_4}{T_{pr}^4}+\frac{A_5}{T_{pr}^5}\right)\rho_{pr}+\left(A_6+\frac{A_7}{T_{pr}}+\frac{A_8}{T_{pr}^2}\right)\rho_{pr}^2$$
$$-A_9\left(\frac{A_7}{T_{pr}}+\frac{A_8}{T_{pr}^2}\right)\rho_{pr}^5+\frac{A_{10}}{T_{pr}^3}\rho_{pr}^2\left(1+A_{11}\rho_{pr}^2\right)\exp\left(-A_{11}\rho_{pr}^2\right)-0.27\frac{p_{pr}}{\rho_{pr}T_{pr}}=0 \tag{2-98}$$

系数 $A_1 \sim A_{11}$ 的值为：A_1=0.326 5，A_2=-1.07，A_3=-0.533 9，A_4=0.015 69，A_5=-0.051 65，A_6=0.547 5，A_7=-0.736 1，A_8=0.184 4，A_9=0.105 6，A_{10}=0.613 4，A_{11}=0.721。应用范围是 $1.0 \leqslant T_{pr} \leqslant 3$；$0.2 \leqslant p_{pr} \leqslant 30$ 或 $0.7 \leqslant T_{pr} \leqslant 1.0$；$p_{pr} < 1.0$。

(4) Sarem 法

用最小二乘法按 Legendre 多项式拟合 Standing-Katz 图版得到如下关系式：

$$Z=\sum_{m=0}^{5}\sum_{n=0}^{5}A_{mn}p_m(x)p_n(y) \tag{2-99}$$

式中，A_{mn}——常数，为已知数；

$p_m(x)$、$p_n(y)$——Legendre 多项式的拟对比压力和拟对比温度，其中 $x=\dfrac{2p_{pr}-15}{14.8}$，

$y=\dfrac{2T_{pr}-4}{1.9}$。

该法应用范围是：$1.05 \leqslant T_{pr} \leqslant 2.95$；$0.1 \leqslant p_{pr} \leqslant 14.9$ 或 $0.7 \leqslant T_{pr} \leqslant 1.0$；$p_{pr} < 1.0$。

(5) Hankinson-Thomas-Phillips (HTP) 法

HTP 法计算 Z 系数的公式为

$$\frac{1}{Z}-1+\left(A_4T_{pr}-A_2-\frac{A_6}{T_{pr}^2}\right)\frac{p_{pr}}{Z^2T_{pr}^2}$$
$$+\left(A_3T_{pr}-A_1\right)\frac{p_{pr}^2}{Z^3T_{pr}^3}+\frac{A_1A_5A_7p_{pr}^5}{Z^6T_{pr}^6}\left(1+\frac{A_8p_{pr}^2}{Z^2T_{pr}^2}\right)\exp\left(-\frac{A_8p_{pr}^2}{Z^2T_{pr}^2}\right)=0 \tag{2-100}$$

HTP 法可采用牛顿迭代法计算求解。HTP 法在以下范围内足够精确：$1.1 \leqslant T_{pr} \leqslant 3.0$；$0 \leqslant p_{pr} \leqslant 15.0$。

(6) Beggs & Brill (BB) 法

Beggs 和 Brill 于 1973 年提出的计算偏差系数的经验公式为

$$Z=A+\frac{1-A}{e^B}+Cp_r^D \tag{2-101}$$

式中，A、B、C 和 D——关于对比压力和对比温度的函数。

(7) 李相方 (LXF) 法

该方法是针对以前的偏差系数经验式多适用于常压条件，而高压时误差很大提出的。为提高高压条件下的精度，李相方教授通过对 Standing-Katz 图版拟合得到下式：

$$Z = X_1 p_{pr} + X_2 \tag{2-102}$$

当 $1.05 \leqslant T_{pr} \leqslant 3.0$、$8 \leqslant p_{pr} \leqslant 15.0$ 和 $1.5 \leqslant T_{pr} \leqslant 3.0$、$15 \leqslant p_{pr} \leqslant 30.0$ 时，X_1 和 X_2 分别采用不同的关系式计算。

此外，还有 Leung 法、Carlie-Gillett 法、Burnett 法、Pappy 法和 Gopal 法等可用于计算气体的偏差系数。其中由于 Pappy 法、Carlie-Gillett 法、Burnett 法和 Leung 法适用性较差，而 Gopal 法需要分段计算，使用上有许多不便，因此这些方法使用较少。

4）C_{n+} 重馏分特征化处理

用于油气体系组分和组成分析的一般实验测试方法很难详细描述 C_{n+} 重馏分的构成及其热力学性质，一般只能准确测定 C_{n+} 重馏分的相对密度和分子量，然后用沸点、分子量和相对密度与 T_c、p_c 和 ω 的关联式将 C_{n+} 重馏分的 T_c、p_c 和 ω 等热力学参数计算出来。有时为了改善油气烃类体系相态预测计算的精度，还需把 C_{n+} 重馏分分割成有限数目的窄馏分，确定了每个窄馏分的热力学参数之后，再把所有窄馏分合并成若干个拟组分，求出其 T_c、p_c 和 ω 等热力学参数，以便能更好地满足用状态方程求解相平衡问题的要求。这种采用拟组分近似处理 C_{n+} 重馏分热力学参数的过程，即称为 C_{n+} 的重馏分特征化方法。

3.偏差系数校正模型

由于天然气中 CO_2 和 H_2S 气体的存在，将会影响到天然气的临界温度和临界压力，并导致天然气的气体偏差系数增大，从而引起其他计算的偏差。因此，对于酸性天然气进行临界参数性质的校正非常必要。目前酸性气体临界参数组成校正的方法主要有以下两种。

1）郭绪强校正（GXQ 校正）模型

中国石油大学郭绪强教授等认为当 HTP 模型和 DPR 模型用于酸气条件下时，应对临界参数进行校正。所采用的公式如下：

$$T_c = T_m - C_{wa} \tag{2-102}$$

$$p_c = T_c \sum (x_i p_{ci}) / \left[T_c + x_1(1-x_1)C_{wa} \right] \tag{2-103}$$

$$T_m = \sum_{i=1}^{n} (x_i T_{ci}) \tag{2-104}$$

$$C_{wa} = \frac{1}{14.5038} \left| 120 \times \left| (x_1 + x_2)^{0.9} - (x_1 + x_2)^{1.6} \right| + 15(x_1^{0.5} - x_1^4) \right| \tag{2-105}$$

式中，x_1——H_2S 在体系中的摩尔分数；

x_2——CO_2 在体系中的摩尔分数。

2）Wichert-Aziz 校正（WA 校正）方法

1972 年，Wichert-Aziz 引入参数 ε，以考虑一些常见极性分子（H_2S、CO_2）的影响，希望用此参数来弥补常用计算方法的缺陷。参数 ε 的关系式如下：

$$\varepsilon = 15(M - M^2) + 4.167(N^{0.5} - N^2) \tag{2-106}$$

式中，M——气体混合物中 H_2S 与 CO_2 的摩尔分数之和；

　　　　N——气体混合物中 H_2S 的摩尔分数。

根据 Wichert-Aziz 的观点，每个组分的临界温度和临界压力都应与参数 ε 有关，临界参数的校正关系式如下所示：

$$T'_{ci} = T_{ci} - \varepsilon \tag{2-107}$$

$$p'_{ci} = p_{ci}T'_{ci} / T_{ci} \tag{2-108}$$

式中，T_{ci}——i 组分的临界温度，K；

　　　　p_{ci}——i 组分的临界压力，kPa；

　　　　T'_{ci}——i 组分的校正临界温度，K；

　　　　p'_{ci}——i 组分的校正临界压力，kPa。

同时，Wichert-Aziz 还提出了修正方程的压力适用范围为 0～17240kPa。在该压力范围内还需对温度进行修正，其关系式如下：

$$T' = T + 1.94(p / 2760 - 2.1 \times 10^{-8} p^2) \tag{2-109}$$

4.偏差系数计算模型的对比分析

根据 SPE74369 文献提供的酸性天然气组成(表 2-4)，通过比较不同偏差系数计算模型的结果(表 2-5)，采用平均误差(E_1)和均方差(E_2)对各种偏差系数计算模型进行误差统计分析评价，发现 DPR(WA 校正)方法计算误差最小，见表 2-6，因此一般推荐采用该方法进行酸性天然气偏差系数计算。

表 2-4　酸性气样组成(%)

样品	甲烷	乙烷	丙烷	正丁烷	异丁烷	正戊烷	异戊烷	己烷	C7+	氮	二氧化碳	硫化氢
1	67.71	8.71	3.84	0.50	1.56	0.56	0.82	0.83	6.56	0.64	0.96	7.08
2	66.19	4.12	1.88	0.44	0.76	0.32	0.36	0.52	2.61	0.11	5.76	16.93
3	73.52	4.98	1.81	0.59	0.73	0.40	0.37	0.53	2.53	2.44	1.63	10.47
4	68.57	5.90	2.83	0.47	1.16	0.85	0	0.35	0.80	10.19	2.09	6.80
5	74.14	3.27	1.21	0.22	0.61	0.57	0	0.46	2.18	0.40	6.16	10.78
6	52.13	11.65	1.42	0.39	0.83	0.95	0	1.03	4.31	0.37	8.66	18.26
7	64.59	0.84	0.93	0.27	0.20	0.20	0.10	0.12	0.32	0.61	4.51	27.30
8	42.41	0.24	0.07	0.02	0.03	0.02	0.01	0.02	0.04	2.58	3.19	51.37
9	23.73	0.18	0	0	0	0	0	0	0	1.08	9.14	65.87
10	20.24	0.16	0	0	0	0	0	0	0	0.92	8.65	70.03

表 2-5　不同偏差系数计算模型结果对比表

组分	对比压力	对比温度	实验值	DPR 法	DPR 法(WA 校正)	DPR 法(GXQ 校正)	HY 法	HY 法(WA 校正)	DAK 法	DAK 法(WA 校正)	DAK 法(GXQ 校正)
1	6.815	1.606	0.970	0.936	0.955	0.938	0.934	0.953	0.934	0.953	1.069
2	5.160	1.562	0.914	0.843	0.886	0.848	0.838	0.880	0.841	0.883	0.930
3	5.880	1.756	0.968	0.933	0.957	0.935	0.927	0.952	0.930	0.954	1.000
4	3.378	1.547	0.823	0.798	0.823	0.802	0.795	0.820	0.797	0.822	0.888
5	6.757	1.516	0.950	0.911	0.951	0.914	0.911	0.949	0.910	0.949	0.968

组分	对比压力	对比温度	实验值	DPR 法	DPR 法（WA 校正）	DPR 法（GXQ 校正）	HY 法	HY 法（WA 校正）	DAK 法	DAK 法（WA 校正）	DAK 法（GXQ 校正）
6	6.730	1.350	0.942	0.910	0.946	0.923	0.877	0.920	0.908	0.939	0.957
7	5.870	1.566	0.931	0.877	0.924	0.882	0.873	0.920	0.875	0.921	0.902
8	3.518	1.333	0.711	0.660	0.716	0.668	0.658	0.712	0.660	0.715	0.671
9	1.427	1.055	0.452	0.300	0.433	0.322	0.334	0.465	0.300	0.437	0.322
10	1.195	1.074	0.606	0.523	0.590	0.538	0.547	0.603	0.526	0.592	0.541

$$E_1 = \frac{1}{N} \sum_N (Z_{cal} - Z_{exp}) \qquad (2\text{-}110)$$

$$E_2 = \sqrt{\frac{1}{N} \sum_N (Z_{cal} - Z_{exp})^2} \qquad (2\text{-}111)$$

式中，N——实验数目；

$\quad\quad Z_{exp}$——偏差系数实验值；

$\quad\quad Z_{cal}$——偏差系数计算值。

表 2-6　不同偏差系数计算模型同实验值的统计误差

计算模型	E_1	E_2
DPR	−0.0576	0.06790
DPR（WA 校正）	−0.0086	0.01356
DPR（GXQ 校正）	−0.0497	0.05860
HY	−0.0573	0.06234
HY（WA 校正）	−0.0093	0.01580
DAK	−0.0586	0.06837
DAK（WA 校正）	0.0102	0.01412
DAK（GXQ 校正）	−0.0019	0.06278

2.3.3　天然气在水中的溶解度

天然气的溶解度定义为：在一定温度和压力下，单位体积石油或水中溶解的天然气量。溶解度主要取决于温度和压力，同时也与油、水的性质和天然气的组分有关。天然气的溶解度（R_s）通常用溶解系数 α 与压力（p）的函数来表示：

$$R_s = \alpha p \qquad (2\text{-}112)$$

式中，R_s——天然气在油或水中的溶解度，$m^3 \cdot m^{-3}$；

$\quad\quad \alpha$——天然气溶解系数，表在一定温度下，压力每增加单位值，单位体积石油或水中增溶的气量，$m^3 \cdot m^{-3} \cdot MPa^{-1}$；

$\quad\quad p$——压力，MPa。

硫化氢和二氧化碳易溶于水，溶解度比烃类气体大数十倍，随温度升高，溶解度减小；

随压力增加，溶解度增高；随水的矿化度升高，溶解度减小。烃类气体在水中的溶解度随压力增加而迅速增加。每一体积的水能溶解 2.6 倍水体积的硫化氢。

1. CO_2 在水中溶解度的预测

国内外诸多学者对 CO_2 在水及盐水中的溶解度进行了大量实验研究，如 Todheide 和 Franck（1963）、Zawisza 和 Malesinska（1981）。Duan 和 Sun（2003）建立了热力学理论模型，对 CO_2 在水及盐水中的溶解度进行了理论预测。

基于高温高压气-液相平衡理论，当气液两相达到相平衡状态时，CO_2 在气相中的化学势 $\mu_{CO_2}^{V}$ 与在水相中的化学势 $\mu_{CO_2}^{l}$ 相等。

$$\ln m_{CO_2} = \ln y_{CO_2}\phi_{CO_2}p - \mu_{CO_2}^{1(0)}\big/(RT) - 2\lambda_{CO_2-Na}\left(m_{Na} + m_K + 2m_{Ca} + 2m_{Mg}\right)$$
$$- \zeta_{CO_2-NaCl}m_{Cl}\left(m_{Na} + m_K + m_{Mg} + m_{Ca}\right) + 0.07m_{SO_4} \tag{2-113}$$

式中，m_i——i 在水中的溶解度，i 表示 CO_2、Na^+、K^+、Ca^{2+}、Mg^{2+}、Cl^-、SO_4^{2-}，$mol \cdot kg^{-1}$；

y_{CO_2}——气相中 CO_2 的体积百分含量，无因次；

ϕ_{CO_2}——CO_2 的逸度系数，无因次；

p——系统压力，10^5Pa；

T——系统温度，K；

$\mu_{CO_2}^{1(0)}\big/(RT)$——$CO_2$ 在气相和液相中的化学势之差，无因次；

λ_{CO_2-Na}——Na^+ 与 CO_2 之间的二元作用系数，无因次；

ζ_{CO_2-NaCl}——NaCl 与 CO_2 之间的二元作用系数，无因次。

CO_2 在气相和液相中的化学势之差 $\mu_{CO_2}^{1(0)}\big/(RT)$，$CO_2$ 与 Na^+ 之间的二元作用系数 λ_{CO_2-Na}，以及 CO_2 与 NaCl 之间的二元作用系数 ζ_{CO_2-NaCl} 可以采用式（2-114）表征，式中常数 $c_1 \sim c_{11}$ 参见表2-7。

$$Par(T,p) = c_1 + c_2T + c_3/T + c_4T^2 + c_5/(630-T) + c_6p + c_7p\ln T^2$$
$$+ c_8p/T + c_9p/(630-T) + c_{10}p^2\big/(630-T)^2 + c_{11}T\ln p \tag{2-114}$$

表 2-7　式（2-114）中的常数值

常数	$\mu_{CO_2}^{1(0)}\big/(RT)$	λ_{CO_2-Na}	ζ_{CO_2-NaCl}
c_1	28.944 77	−0.411 37	0.000 34
c_2	−0.035 46	0.000 61	−0.000 02
c_3	−4 770.670 77	97.534 77	
c_4	0.000 01		
c_5	33.812 61		
c_6	0.009 04		
c_7	−0.001 15		
c_8	−0.307 41	−0.023 76	0.002 12

常数	$\mu_{CO_2}^{l(0)}/(RT)$	λ_{CO_2-Na}	ζ_{CO_2-NaCl}
c_9	−0.090 73	0.017 07	−0.005 25
c_{10}	0.000 93		
c_{11}		0.000 01	

通过对式(2-113)进行解析，可以求出某一温度压力下 CO_2 在水及各种浓度盐水中的溶解度。

2. H_2S 在水中溶解度的预测

国内外诸多学者对 H_2S 在水及盐水中的溶解度进行了实验研究，如 Lee 和 Mather(2010)、Carroll 和 Mather(1989)。

基于高温高压气-液相平衡理论，当气液两相达到相平衡状态时，H_2S 在气相中的化学势 $\mu_{H_2S}^V$ 和在水相中的化学势 $\mu_{H_2S}^l$ 相等：

$$\mu_{CH_4}^V(T,p,y) = \mu_{CH_4}^{V(0)}(T) + TR\ln x_{CH_4}p + TR\ln\phi_{CH_4}(T,p,y) \tag{2-115}$$

$$\mu_{CH_4}^l(T,p,y) = \mu_{CH_4}^{l(0)}(T) + TR\ln m_{CH_4}p + TR\ln\gamma_{CH_4}(T,p,y) \tag{2-116}$$

H_2S 在水中的溶解度计算模型见式(2-117)：

$$\ln m_{H_2S} = \ln y_{H_2S}\phi_{H_2S}p - \mu_{H_2S}^{0(1)}/(RT) - 2\lambda_{H_2S-Na}\left(m_{Na} + m_K + 0.42m_{NH_4} + 2m_{Ca} + 2m_{Mg}\right) \\ - 0.18m_{SO_4} - \zeta_{CH_4-NaCl}m_{Cl}\left(m_{Na} + m_K + m_{Mg} + m_{Ca} + m_{NH_4}\right) \tag{2-117}$$

式中，m_{H_2S}——H_2S 在水中的溶解度，$mol\cdot kg^{-1}$；

　　　y_{H_2S}——气相中 H_2S 的体积百分含量，无因次；

　　　ϕ_{H_2S}——H_2S 的逸度系数，无因次；

　　　p——系统压力，$10^5 Pa$；

　　　T——系统温度，K；

　　　$\mu_{H_2S}^{l(0)}/(RT)$——H_2S 在气相和液相中的化学势之差，无因次；

　　　λ_{H_2S-Na}——Na^+ 与 H_2S 之间的二元作用系数，无因次；

　　　$\zeta_{H_2S-NaCl}$——$NaCl$ 与 H_2S 之间的二元作用系数，无因次；

　　　m_{Na}、m_K、m_{Ca}、m_{Mg}、m_{Cl}、m_{SO_4}——水溶液中各种离子的摩尔浓度，$mol\cdot kg^{-1}$。

H_2S 在气相和液相中的化学势差值 $\mu_{H_2S}^{l(0)}/(RT)$，Na^+ 与 H_2S 之间的二元作用系数 λ_{H_2S-Na}，以及 $NaCl$ 与 H_2S 之间的二元作用系数 $\zeta_{H_2S-NaCl}$ 取决于系统温度和系统压力。采用 Pitzer 等建立的公式对这三个参数进行预测，系数 $c_1 \sim c_8$ 见表 2-8。

$$Par(T,p) = c_1 + c_2T + c_3/T + c_4T^2 + c_5/(680-T) + c_6p + c_7p/(680-T) + c_8p^2/T \tag{2-118}$$

表 2-8　式(2-118)中的常数值

常数	$\mu_{H_2S}^{1(0)}/(RT)$	λ_{H_2S-Na}	$\zeta_{H_2S-NaCl}$
c_1	42.564 96	0.085 01	-0.010 83
c_2	-0.086 26	0.000 04	
c_3	-6 084.377 50	-1.588 26	
c_4	0.000 07		
c_5	-102.768 49		
c_6	0.000 84	0.000 01	
c_7	-1.059 08		
c_8	0.003 57		

通过对式(2-117)进行解析,可以求出某一温度压力下 H_2S 在水及各种浓度盐水中的溶解度。

第3章 高含硫气藏硫沉积

3.1 硫沉积机理

高含硫气藏开采过程中，随地层压力和温度不断下降，当气体中含硫量达到饱和时元素硫结晶体析出。若结晶体微粒直径大于孔喉直径或是气体携带结晶体的能力低于元素硫结晶体的析出量，则会发生硫物理沉积现象。同时，硫和 H_2S 之间也存在一个化学反应平衡，即 $H_2S + S_x \rightleftharpoons H_2S_x$，随着温度和压力降低，多硫化物分解析出更多的硫。大量硫发生物理化学沉积能对气藏造成严重污染和伤害。

硫沉积可能发生在储层、近井地带、井筒和地面管线，如图 3-1 所示。

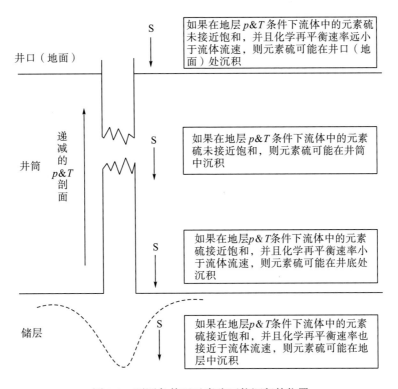

图 3-1　不同条件下元素硫可能沉积的位置

3.1.1　元素硫溶解度预测

通常将与温度和压力有关的硫溶解能力作为硫沉积条件的判别依据。国内外不少学者对硫溶解度开展了实验和理论研究,其中 Heidemann 等(2001)提出的硫在酸性流体中溶解度的常系数经验关系式被广泛应用。

Chrastil(1982)提出了一个简单的关系式来预测高压下流体中元素硫的溶解度,将元素硫溶解度与系统压力温度关联起来:

$$C_r = \rho^k \exp(A/T + B) \tag{3-1}$$

式中,C_r——硫的溶解度,$g \cdot m^{-3}$;

　　　ρ——气体密度,$g \cdot cm^{-3}$;

　　　T——温度,K;

　　　k、A、B——常数。

对式(3-1)两边同时取对数有

$$\ln C_r = k \ln \rho + (A/T) + B \tag{3-2}$$

式(3-2)可以预测特定组分下气体中元素硫的溶解度,气体组分不同,参数 k、A 和 B 会出现相应的变化。

国外学者 Heidemann 等(2001)在 Chrastil 经验关联式的基础上,利用 Brunner 和 Woll(1980)针对含硫混合气体的硫溶解度实验数据,拟合出高压下元素硫溶解度的预测公式:

$$C_r = \rho^4 \exp(-4666/T - 4.5711) \tag{3-3}$$

3.1.2　近井地带硫饱和度预测模型

以天然气稳定渗流为基础进行研究,元素硫沉积的地质模型采用单井的平面径向流模型,如图 3-2 所示。

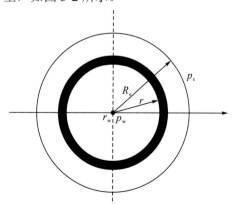

图 3-2　平面径向流模型

p_e.地层外边界压力;r.径向断面半径;r_w.油井半径;R_e.地层外边界半径;p_w.井底流压

由原始的达西流公式可以推导得到平面径向流的压力降落公式:

$$\frac{dp}{dr} = \frac{\mu_g q_g B_g}{2\pi rh K K_{rg}} \tag{3-4}$$

在 dt 时刻由于压力降落而在孔隙中析出的固体硫的体积量为

$$dV_s = \frac{q_g B_g \frac{dc}{dp} dp dt}{\rho_s} \tag{3-5}$$

在一个很小的径向距离 dr 处析出的硫的体积与孔隙体积的比即为硫在多孔介质中的饱和度 S_s:

$$dS_s = \frac{dV_s}{2\pi r h dr \varphi_i} \tag{3-6}$$

将式(3-5)代入式(3-6)得到：

$$dS_s = \frac{q_g B_g \dfrac{dc}{dp} dp dt}{2\pi r h dr \varphi_i \rho_s} \tag{3-7}$$

将式(3-4)代入式(3-7)整理后得到：

$$\frac{dS_s}{dt} = \frac{\mu_g q_g^2 B_g^2 \dfrac{dc}{dp}}{4\pi^2 r^2 h^2 \varphi_i \rho_s K K_{rg}} \tag{3-8}$$

引入 Kuo(1972)得到的关于气体的相对渗透率(K_{rg})与硫的饱和度之间的关系式：

$$K_{rg} = \exp(\alpha S_s) \tag{3-9}$$

式(3-4)～式(3-9)中，r——径向半径，m；

　　　　　　V_s——由于压力降落而在孔隙中析出的固体硫的体积量，m^3；

　　　　　　S_s——硫在多孔介质中的饱和度，无因次；

　　　　　　μ_g——地层流体黏度，mPa·s；

　　　　　　q_g——径向断面上的渗流速度，$m \cdot s^{-1}$；

　　　　　　B_g——地层流体的体积系数，无因次；

　　　　　　h——地层厚度，m；

　　　　　　K——绝对渗透率，$10^{-3} \mu m^2$。

　　　　　　K_{rg}——流体的相对渗透率，无因次；

　　　　　　ρ_s——固体硫的密度，$g \cdot m^{-3}$；

　　　　　　c——固体硫组分浓度，$g \cdot m^{-3}$；

　　　　　　φ_i——地层孔隙度，%。

其中，α 的值可以通过实验的资料拟合得到。

　　采用 Civan 和 Donaldson(1989)提出的一个关于气体相对渗透率与孔隙度(i 时刻的地层孔隙度 φ_i、原始地层孔隙度 φ_0)之间的关系式：

$$\frac{K_{gi}}{K_{g0}} = \left(\frac{\varphi_i}{\varphi_0}\right)^m \tag{3-10}$$

　　将孔隙度和渗透率都表示为硫的饱和度的函数：

$$\frac{dS_s}{dt} = \frac{\mu_g q_g^2 B_g^2 \dfrac{dc}{dp}}{4\pi^2 r^2 h^2 \varphi_0 e^{\left(\frac{(1+m)\alpha S_s}{m}\right)} \rho_s K} = \frac{\mu_g q_g B_g^2 \dfrac{dc}{dp}}{4\pi^2 r^2 h \varphi_i \rho_s K K_{rg}} \tag{3-11}$$

式中，φ——地层孔隙度，%；

　　　　K_{g0}——气体的绝对渗透率，$10^{-3} \mu m^2$；

　　　　K_{gi}——气体在地层中的渗透率，无因次；

m ——系数，可通过实验回归获得。

在计算时将 B_g、dc/dp、μ_g 表示为温度和压力的函数，因为在气藏的开发过程中，压力在径向方向上是不断下降的，这些参数也会随着压力的变化而变化。

气体的体积系数 B_g 用下式来计算：

$$B_g = \frac{p_{sc}}{Z_{sc}T_{sc}}\frac{ZT}{p} \tag{3-12}$$

将式(3-12)代入式(3-11)可以得到：

$$\frac{\mathrm{d}S_s}{\mathrm{d}t} = \frac{A\mu_g p}{\mathrm{e}^{(BS_s)}} \tag{3-13}$$

假设初始条件(t=0，S_s=0) 为

$$\int_0^{S_s} \mathrm{e}^{(BS_s)}\,\mathrm{d}S_s = \int_0^t A\mu_g p\,\mathrm{d}t \tag{3-14}$$

将积分结果通过整理后就可以得到计算酸性气藏硫沉积饱和度的公式：

$$S_s = \frac{1}{B}\ln\left(AB\mu_g pt + 1\right) \tag{3-15}$$

其中，

$$\begin{cases} A = \dfrac{q_g^2\left(\dfrac{p_{sc}}{T_{sc}Z_{sc}}\right)^2\left(\dfrac{M_a\gamma_g}{R}\right)^4 (ZT)^{-2}\exp\left(\dfrac{-4666}{T} - 4.5711\right)}{\pi^2 r^2 h^2 \varphi_0 \rho_s K} \\[4mm] B = \dfrac{(1+m)\alpha}{m} \end{cases} \tag{3-16}$$

式(3-12)~式(3-16)中，p_{sc} ——标准状况下的气体压力，MPa；

  T ——气体的温度，K；

  T_{sc} ——标准状况下的气体温度，K；

  Z_{sc} ——标准状况下的气体压缩因子，无因次；

  p ——气体的压力，MPa；

  Z ——压缩因子，无因次。

以某口高含 H_2S 气井为例做单井硫沉积分析,分析气井产量对含硫饱和度的影响和含硫饱和度对气井产量的影响(图3-3)。

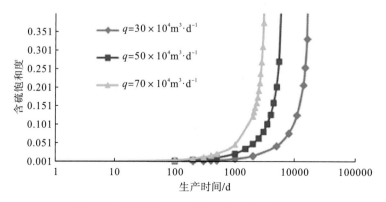

图 3-3　气井产量对硫的饱和度的影响(r=1m)

从图 3-3 中可以看出气井产量越大，硫沉积越快，当气井产量为 $80×10^4m^3·d^{-1}$ 时，生产 12 年含硫饱和度才为 0.25；当产量变为 $120×10^4m^3·d^{-1}$ 时，硫沉积迅速发生，生产 3 年硫的饱和度就上升到了 0.25。因此合理控制气井产量可以有效采出天然气并且防止硫沉积的发生。

随着硫的不断析出、沉积，硫的饱和度不断增加，对气井的产量造成了严重的影响，当含硫饱和度上升到 0.4 的时候，气井产量只有 $25×10^4m^3·d^{-1}$（图 3-4）。而且随着生产时间的增加，由于地层压力还在不断降低，生产压差也会跟着降低，因此除了受硫沉积的影响，还会受生产压差的影响，实际产量降低幅度更大。

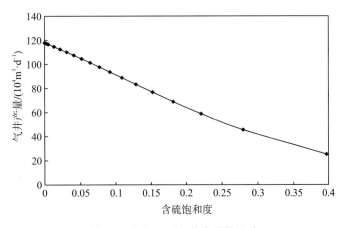

图 3-4 硫沉积对气井产量的影响

3.1.3 井筒硫沉积

酸性气井井筒流动为一复杂的气-液或者气-固甚至气-液-固流动，除了具有一般多相流的复杂特征之外，还具有诸如物理过程描述及其参数变化描述复杂、相间常存在传热和传质及化学反应、相间存在热力学和水力学不平衡、描述物理过程的瞬态模型求解困难等特征，另外还具有其特殊性。开采过程中井筒压力和温度下降到一定程度则析出元素硫。若气流速度小于临界悬浮速度，大量单质硫附着在井筒壁面形成硫堵，影响酸性气井正常生产；气井关井后，由于不同组分密度的差异，导致重组分（如 H_2S、CO_2）以及沉积的单质硫在重力、浮力、阻力、化学势的变化及热扩散作用下向下沉降，从而出现组分分离。同时由于井筒残酸、井筒储集效应、管内摩阻、温度变化、水击作用以及关井前产量等因素影响，导致酸性气井关井期井口压力可能下降。四川盆地为数不少的酸性气井现场测试已经证实了这一现象。

国外已有井筒硫沉积的报道（表 3-1）。例如，在美国密西西比州 Smakover 石灰岩地层中发现的一口气井，井底压力为 99MPa，温度为 198℃，气体组成为 H_2S 占 78%、CO_2 占 20%、N_2+CH_4 占 2%。此气井投产后由于井筒硫堵塞很快就被迫停产。又如加拿大阿尔伯达省的 Bearbarry 气田，因为气体中析出的元素硫含量达到 $72\sim87g·m^{-3}$，而又无法被携带出井筒，造成了气井堵塞停产。

表 3-1   国外高含硫气井开采过程中的井筒硫沉积实例

	气田位置	H₂S/%	井底温度/℃	井底压力/MPa	备注
西德	Buchhorst	4.8	133.8	41.3	初期井底有液硫流动
加拿大	Devonian	10.4	102.2	42.04	干气，在井筒 4115～4267m 处产生硫沉积
	Crossfield	34.4	79.4	25.3	在有凝析液存在的情况下沉积
	Leduc	53.5	110.0	32.85	干气，在井筒 3352.8m 处沉积
美国	Josephine	78	198.9	98.42	估计气体携带硫量为 120g·m⁻³，沉积量为 32g·m⁻³
	Murray Franklin	98	23.0～260.0	126.54	井底有液硫

3.2   元素硫沉积

3.2.1   元素硫溶解度测定

元素硫溶解度测定实验装置及流程见图 3-5。

分别对 P2 井和 P6 井不同压力下硫的溶解度进行了测试，P2 井和 P6 井地层温度分别为 123.4℃和 120℃，地层压力分别为 55.2MPa 和 55.17MPa，两口井测试结果见图 3-6 和图 3-7。

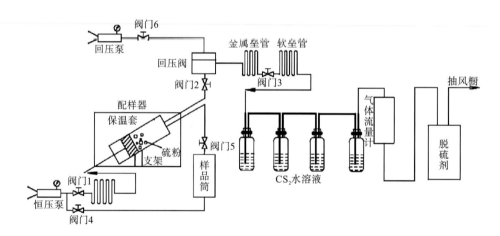

图 3-5   元素硫溶解度实验流程图

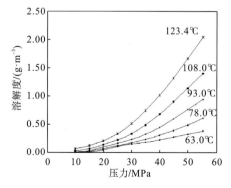

图 3-6   P2 井酸气硫的溶解度与压力的关系曲线

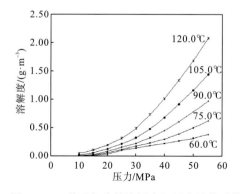

图 3-7   P6 井酸气硫的溶解度与压力的关系曲线

　　由图 3-6、图 3-7 可以看出，高压下硫在气体中的溶解度的变化大于低压下的变化。高含硫气藏在生产初期由于地层压力较高，元素硫在地层中的沉积速度大于生产后期的沉积速度。因此，在编制高含硫气藏开发方案时应充分考虑生产初期硫沉积对气井产量的影响，并及时采取预防措施。

3.2.2　硫沉积对储层伤害的实验研究

1.衰竭过程中硫沉积对储层伤害的实验

　　开展高含硫气藏硫沉积储层伤害物理模拟实验不仅可以认识高含硫气藏在气体开采过程中硫沉积机理、硫颗粒的运移沉积规律，而且可以认识硫沉积对地层造成的伤害程度，从而为高含硫气藏开发方案设计提供重要依据，对指导高含硫气藏安全高效开发也具有重要的意义。

　　以 TD5-1 井井口气样作为研究对象，让气体通过飞仙关组龙岗 2 井岩心进行衰竭实验，观察岩心中元素硫的沉积情况，从而研究元素硫在岩心中的沉积对岩心的伤害程度。实验前后获得的岩心质量、渗透率和孔隙度的对比结果见表 3-2。

表 3-2　硫岩心沉积实验前后岩心质量、渗透率和孔隙度的对比

	岩心质量/g	渗透率/mD	孔隙度
实验前	48.372	0.726	0.085
实验后	48.386	0.608	0.078
增量	0.0139	0.118	0.007

　　为了确定高含硫气体通过岩心后岩心中的沉积物，对该岩样进行能谱和电镜扫描分析，结果见表 3-3。

表 3-3　硫岩心沉积实验前后能谱分析结果对比

岩心编号	元素	元素浓度	强度校正	重量百分数/%	重量百分数 δ	原子百分数/%
37	O、K	31.98	0.551	58.53	0.35	74.26
	Mg、K	9.60	0.6663	14.53	0.18	12.13
	S、K	0.80	0.9021	0.90	0.06	0.57
	Ca、K	25.01	1.0082	25.03	0.24	12.68
	Fe、K	0.81	0.8097	1.01	0.10	0.37
	总量			100		
25	O、K	1.13	0.3727	13.50	1.29	23.82
	S、K	21.55	1.1046	86.50	1.29	76.18
	总量			100		

从对比结果可知，氧元素浓度降低，重量百分数由 58.53%降为 13.50%。而硫元素浓度升高，重量百分数由 0.90%增长到 86.50%，因此通过能谱分析知道，岩心中的沉积物是包含硫元素的物质，至于该物质是单质硫还是有机硫化物还需进一步研究。

对该块岩样薄片进行了电子显微镜扫描，分别放大 180 倍和 400 倍后进行观察。溶孔内沉积的硫元素在孔隙壁上呈膜状分布。当沉积在多孔介质中的硫的量累计达到一定程度时，部分小孔道可能会被完全堵塞，致使渗透率大幅降低，从而导致气井产量在进入递减期后递减速度加快，或在短期内停产。由于包含硫元素的固体物质在岩石孔隙表面是以膜状分布的，其形态与沥青的形态较为相似。

3.2.3 硫沉积影响因素实验分析

1.渗流规律实验研究

采用同组中的两块岩样，在相同温度和压力下，分别采用氮气和高含硫气体进行衰竭式开采模拟实验，实验结果见图 3-8。

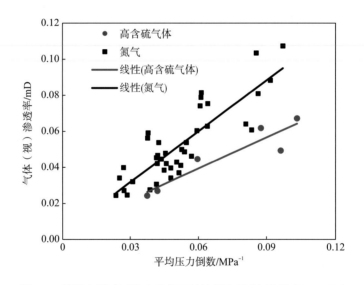

图 3-8 模拟衰竭式开发实验得到的渗流曲线(实验温度：100℃)

从图 3-8 中可以看出，采用两种气体开展实验得到的(视)渗透率随压力倒数的变化曲线形态一致，都表现为岩心(视)渗透率与平均压力倒数线性相关，即随着压力倒数的减小，岩心(视)渗透率降低，且随着平均压力倒数的降低，两条直线之间的距离不断缩小，这正是气体分子滑脱效应造成的影响。通过氮气和高含硫气体的渗流曲线，也验证了滑脱效应不受气质影响的经典理论。

从图 3-8 中还可以看出，在相同平均压力下，采用高含硫气体测定得的(视)渗透率较低。这是因为，相对于高含硫气体来说，氮气更为活跃，气体分子热运动更剧烈，从而导致滑脱效应更显著。

2. 单质硫对储层岩石伤害的影响

取同组岩样中的一块，用氮气在设定的温度、初始压力条件下进行衰竭式开采模拟实验，实验前后在常温、常压下测定岩样渗透率；再取同组的另一块岩样，用饱和硫的酸气在相同温度、初始压力下用氮气做相同的实验，结果见表 3-4。

表 3-4　衰竭实验前后岩样物性对比表

样号	实验条件			孔隙度/%			渗透率/mD		
	介质	温度/℃	初始压力/MPa	实验前	实验后	绝对差值	实验前	实验后	相对差值/%
67	氮气	90	38.8	8.31	8.18	0.13	0.531	0.393	26.0
66	高含硫气体	90	39.0	7.54	7.59	−0.05	0.582	0.372	36.1
63	氮气	100	38.75	7.18	—	—	0.408	0.333	18.4
62	高含硫气体	100	41.0	7.33	—	—	0.275	0.206	25.1

表 3-4 中的孔隙度绝对差值、渗透率相对差值是以实验前岩样的孔隙度、渗透率为基础得到的。从表 3-4 中可以看出，两种气体在不同温度、初始压力下进行衰竭实验后，储层岩样孔隙度变化非常小，说明实验后储层岩石孔隙度基本没有受到伤害。虽然元素硫以膜状形式沉积在孔隙壁上，但不会对孔隙造成明显影响。

对于岩样渗透率来说，情况则有所不同。从表 3-4 中可以看出，在不同温度和不同压力下，氮气对渗透率的相对影响比高含硫气体要小，这说明高含硫气体对岩样渗透率伤害更大。

3. 初始压力对储层岩石伤害的影响

为了研究高含硫气藏储层初始地层压力对元素硫在岩心中沉积情况的影响，分别选用三块岩样研究 100℃条件下不同初始压力下元素硫沉积对碳酸盐岩心的伤害程度。

利用 25～80mm 岩心夹持器，让高含硫气体饱和元素硫后通过岩心夹持器。实验过程中保持岩心夹持器和气体温度在 100℃不变，通过岩心进出口压力差让元素硫在岩心中沉积下来，并每隔一定时间测定岩心渗透率。

对于同一地层温度，在 31MPa 和 41.25MPa 下，对黄金 1 井的 27 号岩样和新兴 1 井的 62 号岩样进行岩心沉积实验，得到了不同平均压力倒数与岩心(视)渗透率的对比结果，见图 3-9。

从图 3-9 中可以看出，随着平均压力倒数的降低，即平均压力的增加，碳酸盐岩心的(视)渗透率慢慢降低，且初始压力越大，(视)渗透率降低的越明显，而废弃压力附近，(视)渗透率差别最大。这主要是因为初始压力越大，则饱和溶解的元素硫质量越大。当压力降到同一废弃压力时，酸气沉积出的硫质量最多，从而对地层的伤害也最明显。

不同初始压力下的元素硫沉积，对储层岩石孔隙度基本无影响；而对储层岩石渗透性影响较大，且随着实验初始压力增大，渗透率损害率增大。

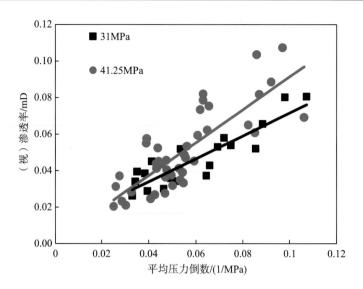

图 3-9　不同初始压力下硫沉积对岩心渗透率影响对比(实验温度：100℃)

3.2.4　液硫储层伤害实验技术

1.液硫沉积机理

高含硫气藏开发过程中，随着地层压力的不断降低，当压力降低到一个临界值时，元素硫开始析出，地层温度大于119℃时，元素硫就会以液态的形式析出，在地层中形成气-液硫两相渗流。由于液硫具有较大的密度和黏度，不会以相同的速度随着气流运移，在地层中占据了一定的孔隙空间，特别是在近井地带，硫的析出量较大，会对气体的渗流造成严重的影响。液硫虽然在孔隙流动中不会完全堵塞孔道，但液硫与孔隙壁面接触时可能发生吸附现象而一部分滞留在地层孔隙中。

2.实验步骤

液硫储层伤害实验过程如下：

(1)岩心选取与物性分析。

(2)液硫的制备：将硫粉装满中间容器，利用电加热丝对中间容器进行加热，将粉末状硫粉制备成液硫，由于粉末状硫粉变成液硫后体积变小，故当粉末状硫粉变成液硫后，继续将硫粉加入中间容器制备液硫，直到制备出充足的液硫。

(3)岩心饱和液硫：待装液硫的中间容器冷却后，将其移至恒温箱，同时将岩心夹持器也置于恒温箱内，有液硫经过的地方均置于恒温箱内，回压阀部分利用加热丝对其加热，防止液硫冷却堵塞管路；将恒温箱内部温度升至150℃，回压阀以及相关管路的电加热丝温度亦升至150℃，然后将中间容器中的液硫驱替至岩心中，使其岩心充分饱和液硫。

(4)驱替液硫实验：模拟真实地层束缚液硫条件，保持高温高压条件，保证整个液硫驱替过程中不会出现固化而堵塞管线及岩心样本。不断地使用 H_2S-CO_2 的混合气驱替岩心中的液硫。

(5)调整好出口液硫、气体积计量系统，开始气驱液硫，记录各个时刻的驱替压力、产液硫量及产气量，计算不同液硫饱和度下气相的有效渗透率。

3.实验结果

选取 X 高含硫气藏 4 块岩心开展液硫储层伤害渗透率变化研究。实验条件为：内压 13MPa，围压 20MPa，回压 11MPa，温度 150℃。实验过程如前所述。以岩心 225-4 为例，实验数据见表 3-5，不同含硫饱和度时的气相渗透率见表 3-6 和图 3-10。

表 3-5　实验数据

岩心编号	长度/cm	截面积/cm²	温度/℃	围压/MPa	上游压力/MPa	下游压力/MPa	有效应力/MPa	渗透率/mD
225-4	4.51	4.92	18.75	3.49	0.32	0.1	3.27	0.465

表 3-6　岩心 225-4 不同含硫饱和度下的气相渗透率

含硫饱和度	温度/℃	压差/MPa	围压/MPa	气相渗透率/mD
0	18.75	0.22	3.49	0.465
0.05	150	2	20	0.2179
0.1	150	2	20	0.1843
0.15	150	2	20	0.1542
0.2	150	2	20	0.1276
0.25	150	2	20	0.1045
0.3	150	2	20	0.0848
0.35	150	2	20	0.0687
0.4	150	2	20	0.0560
0.45	150	2	20	0.0468
0.5	150	2	20	0.0410
0.55	150	2	20	0.0388
0.6	150	2	20	0.0380
0.65	150	2	20	0.0367
0.7	150	2	20	0.0359
固态硫	18.50	0.25	3.5	0.0169

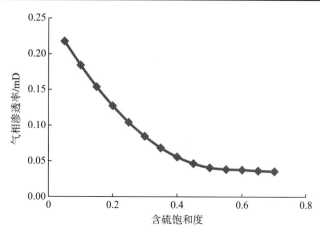

图 3-10　岩心 225-4 不同含硫饱和度时的气相渗透率曲线

从图 3-10 的曲线可以看出，随着含液硫饱和度的增加，渗透率不断降低。液硫饱和度在 0.3 之前，渗透率伤害程度较为明显。但是当液硫饱和度大于 0.3 之后，气相渗透率变化趋于缓慢。

3.2.5 液硫吸附实验技术

1.液硫吸附机理

液硫虽然在孔隙流动中不会完全堵塞孔道，但液硫与孔隙壁面接触时可能发生吸附现象而一部分滞留在地层孔隙中。液硫的吸附是其在孔隙介质中沉积的主要表现形式。液体在固体表面的吸附，取决于溶液和岩石表面的性质，使得固体表面对液体的吸附表现出选择性，即固体的极性部分易吸附极性物质，非极性部分易吸附非极性物质。液体在固体表面的吸附会出现边界层特征，这是因为固体表面力场的诱导作用对液体分子的吸附和吸附层本身分子活动的影响。元素硫属于非极性分子，易容于非极性溶液中，而岩石骨架由极性物质组成，根据吸附选择性原理：在岩石孔隙中，孔隙壁面对非极性的液硫吸附较少。

液硫到底是游离态还是吸附态在国内外还没有专门的实验研究。同时，目前的吸附仪大多用于测试气体吸附，无法对液硫进行研究。另外，国内外的液硫吸附实验及相关文献也特别缺乏。本次采用西南石油大学油气藏地质及开发工程国家重点实验室的高温高压高含硫气藏气-液硫相渗曲线测试装置，将硫粉放入中间容器中加温制备成液硫，选取 2 种不同物性的储层岩心，测定不同温度(初步定在 110℃和 160℃)及压力下(75～20MPa)的液硫在岩心中的吸附能力，研究储层物性、温度、压力对液硫吸附能力的影响。

2.实验步骤

(1)岩心的选取与处理：制备直径为 2.50cm 或 3.80cm 的岩心，其长度不小于直径的 1.5 倍，按照相应的标准将岩心样本进行抽提、清洗、烘干处理，处理后测量所述岩心样本的长度 L、直径 d、岩心孔隙度 φ、渗透率 K。

(2)液硫的制备和不同 H_2S 含量的混合天然气的制备：将硫粉装满中间容器，利用电加热丝对中间容器进行加热，将粉末状硫粉制备成液硫，由于粉末状硫粉变成液硫后体积变小，故当粉末状硫粉变成液硫后，继续将硫粉加入中间容器制备液硫，直到制备出充足的液硫；利用气体配样器配置不同 H_2S 含量的混合天然气，利用气体增压泵将其注入气体中间容器。

(3)岩心饱和液硫：待装液硫的中间容器冷却后，将其移至恒温箱，同时将岩心夹持器也置于恒温箱内，有液硫经过的地方均置于恒温箱内，回压阀部分利用加热丝对其加热，防止液硫冷却堵塞管路；将恒温箱内部温度升至 150℃，回压阀以及相关管路的电加热丝温度亦升至 150℃，然后将中间容器中的液硫驱替至岩心中，使其岩心充分饱和液硫。

(4)模拟真实地层束缚液硫条件，保持高温高压条件，保证整个液硫驱替过程中不会出现固化而堵塞管线及岩心样本。不断地使用 H_2S-CO_2 的混合气驱替岩心中的液硫，置换出液硫，直到耐高温高压气液分离器液体出口端不出液硫为止，驱替过程结束。

(5)取出岩心，并称重，其质量差即为该温度、压力条件下的液硫吸附量。

3.实验结果

选取 X 高含硫气藏岩心开展液硫吸附实验，实验条件为：内压 13MPa，围压 20MPa，回压 11MPa，温度 150℃。在液硫饱和前干岩心质量为 54.3196g，然后不断地使用含 H_2S-CO_2 的混合气驱替岩心中的液硫，随机选取液硫驱替过程中的岩心进行称重，对岩心称重质量为 56.1205g，此时岩心中液硫质量为 1.8009g。继续驱替直到耐高温高压气液分离器液体出口端不出液硫为止，对岩心称重质量为 55.1517g，由此计算吸附的液硫质量为 0.8321g（表 3-7）。由此可见，在地层条件下一旦硫析出，在开采过程中，硫吸附较为严重。

表 3-7　不同驱替阶段岩心质量变化实验数据

液硫饱和前岩心质量/g	液硫驱替过程中岩心质量/g	驱替不出液硫时岩心质量/g	岩心质量变化量/g
54.3196	56.1205	55.1517	0.8321

再选取 X 高含硫气藏 X29 和 X29-2 开展液硫吸附实验，实验条件为：内压 50MPa，围压 75MPa，回压 48MPa，温度 150℃。不断地使用含 H_2S-CO_2 的混合气驱替岩心中的液硫，直到耐高温高压气液分离器液体出口端不出液硫为止，然后称重，其质量差即为该温度、压力条件下的液硫吸附量。实验数据如表 3-8 所示。

定义岩心吸附液硫量为：（岩心增重的质量/硫的摩尔质量）/液硫伤害前岩心的质量。

表 3-8　实验数据

编号	岩心物性变化	长度/cm	截面积/cm²	温度/℃	围压/MPa	孔压/MPa	孔隙度/%	孔隙体积/cm³	质量/g	岩心质量变化/g	液硫吸附量/(mol·g⁻¹)
X29	饱和液硫前	4.48	5.00	17.58	3.15	1.71	6.41	1.44	54.3196	2.3686	0.0014
	驱替结束	4.51	4.99	24.58	3.11	1.76	4.11	0.92	56.6882		
X29-2	饱和液硫前	5.64	4.98	22.67	3.22	1.76	12.42	3.49	62.8919	7.2519	0.0036
	驱替结束	5.65	4.99	25.63	3.21	1.72	3.32	0.94	70.1438		

X29 岩心在液硫伤害后其孔隙体积减少了 0.52cm³，常温常压下固态硫的密度为 2g·cm⁻³，岩心增重 2.3686g，液硫吸附量为 0.0014mol·g⁻¹。X29-2 岩心在液硫伤害后其孔隙体积减少了 2.55cm³，常温常压下固态硫的密度为 2g·cm⁻³，岩心增重 7.2519g，液硫吸附量为 0.0036mol·g⁻¹。

3.3　高含硫气藏微观渗流实验研究

本节将介绍高含硫气藏微观渗流机理测试装置及测试方法，研究气体-固态硫和气体-液硫微观渗流时多孔介质中硫沉积形态、硫沉积尺寸及分布特征。开展 X 气田不同含硫饱和度下的应力敏感性实验，测定同时考虑硫沉积和应力敏感性的气-液硫相渗曲线。形成一套微观和宏观相结合的高含硫气藏渗流机理测试技术及方法，为高含硫气藏渗流机理研究提供借鉴。

3.3.1　高含硫气藏微观渗流机理研究

1.液硫微观渗流实验流程

本节对液态单质硫在 X 多孔介质中的微观渗流机理进行研究，利用我国某气田的 4 块真实岩心制作了 4 个砂岩微观渗流模型，利用 X 气田 YB272H-2 号岩心和 YB225H-9 岩心制作 2 个 X 碳酸盐岩微观渗流模型，针对液硫在不同岩性中的微观渗流机理进行研究。微观渗流实验的具体实验步骤如下：

(1)连接实验流程，用酒精、石油醚清洗实验系统，用高温气体吹扫系统，抽真空；

(2)将过量的单质硫和实验气样转入到高温高压反应釜中，加压到原始地层压力；

(3)保持高温高压反应釜压力，升高温度，直至原始地层温度，使单质硫充分融化，融入实验气体中；

(4)调整减压阀的压力，缓慢放入微观渗流模型中，放出气体利用甲苯等化学药品吸收；

(5)利用观察系统观测实验流程，采集实验图片。

实验流程如图 3-11 所示。

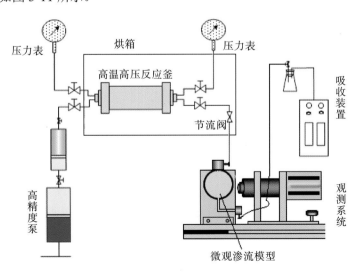

图 3-11　实验流程示意图

利用建立的 X 碳酸盐岩岩心和国内某气田的砂岩岩心微观渗流模型和实验评价方法，研究单质硫在多孔介质中的渗流机理。

2.液硫微观渗流实验

1）YB272H-2 号碳酸盐岩微观模型

该模型为 YB272H-2 号碳酸盐岩基质模型，在模型中没有制作裂缝，整个模型中没有明显的大裂缝，主要用于模拟 X 碳酸盐岩基质岩心中的硫沉积形态，实验情况如图 3-12～图 3-15 所示。

图 3-12　原始状态 1　　　　　　　　　　图 3-13　原始状态 2

图 3-14　实验过程 1　　　　　　　　　　图 3-15　实验过程 2

由实验可知，在原始条件下孔隙中没有看到硫沉积，当实验开始后，将高温高压下的载有单质硫的气体缓慢通过微观渗流模型时，单质硫开始慢慢在孔隙中沉积，由于微观渗流模型和高温高压反应釜温差较大，单质硫迅速从气体中析出，优先进入大孔隙而析出。随着注入量的不断增加，当大孔隙被沉积的硫占据后，高温高压气体开始进入相对较小的孔隙，进而呈现相对稳定的分布状态。当实验结束时，模型中硫分布总体呈现非均匀分布特征，硫主要分布在岩心相对疏松的大孔隙中，大部分微孔隙没见到硫沉积。

2）YB225H-9 号碳酸盐岩微观模型

该模型为 YB225H-9 号碳酸盐岩基质模型，在模型中制作了网状裂缝，主要用于模拟 X 碳酸盐岩基质和裂缝共存时，气体中析出硫的形态及分布特征，实验情况如图 3-16～图 3-19 所示。

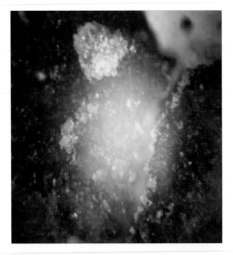

图 3-16　原始状态 1

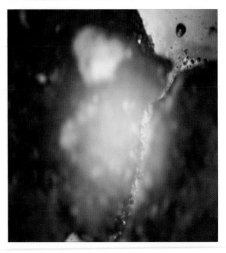

图 3-17　实验后状态 1

图 3-18　原始状态 2

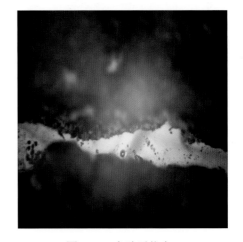

图 3-19　实验后状态 2

由实验前后微观图片对比可知，实验后岩心中的裂缝都被单质硫充填，气体中析出的单质硫优先在高渗透的裂缝内壁上吸附，越聚越多。当裂缝通道变小后，气体进入了孔隙相对较大的基质孔隙中。可见裂缝和基质共存区域，硫优先沉积在裂缝中。与基质模型的硫沉积分布对比可以看出，硫沉积主要发生在气体易流动区域，压降较快，沉积易发生。分析两个模型也发现，储层的非均值性对硫沉积具有较大影响。实验表明，裂缝和基质共存条件下，硫优先沉积在裂缝中，总体呈现非均匀分布特征。

3.液硫在砂岩中的微观渗流实验

为了对比分析不同岩性模型硫沉积渗流的特点,测定了 4 个砂岩微观渗流模型的硫沉积分布特征,实验情况如图 3-20～图 3-23 所示。

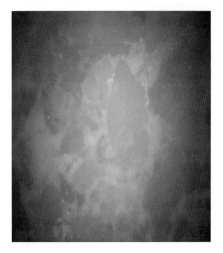

图 3-20　原始状态 1

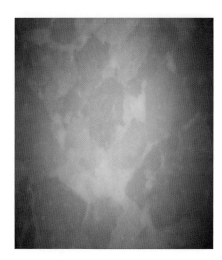

图 3-21　原始状态 2

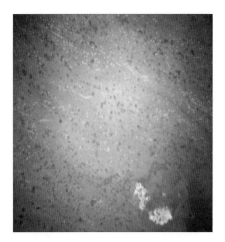

图 3-22　实验状态 1

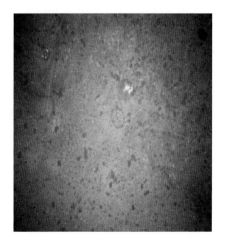

图 3-23　实验状态 2

由图可知,液硫在砂岩中的微观状态有别于碳酸盐岩。

3.3.2　岩心驱替后硫沉积的形貌

对实验后的岩心进行扫描电镜和能谱分析,研究实验后在单质硫析出的条件下,硫的沉积形态和微观分布。利用扫描电镜观测了实验后 X275-4、X275-8、X275-12 和 X275-5-2 岩心孔隙中单质硫的分布形态,以 X275-8 岩心为例进行说明,实验结果见图 3-24。

图 3-24　X272-8 岩心硫沉积颗粒

由微观图片可以看出，在岩心孔隙中确实可以观测到硫沉积的存在，在孔隙中单质硫以结晶体结构出现。在 3～16μm 出现晶体的频率较高，结晶体形态同样为层状累积，单结晶体边界棱角不明显。在岩心表面硫结晶与孔隙中的形态相比相对分散，并且结晶体直径较小，为 0.53～4μm。结晶体形态为层状累积，相对集中的形成结晶，没有发现丝状或规则立方体。

3.3.3　井筒硫沉积模拟实验

通过分析可知，X 井筒中可能存在固态硫、液态和气体，可能会含有少量的水，使井筒中硫沉积形态变得更加复杂，因此本次在实验室内开展气态硫的管流流动实验，模拟研究井筒硫流动特征。

1. 气态硫粉在玻璃管内的运移沉积的实验

为了模拟高温高压气流溶解的硫析出在管壁上的分布状态，将硫粉和 X121H 气样放入高温高压反应釜中充分接触反应，然后将高温高压的气流缓慢释放到垂直管中，当温度压力降低后，溶解在 X121H 气样的硫后析出，通过摄像装置来观察液硫粉在玻璃管内壁的运移聚集的全过程。实验情况见图 3-25～图 3-28。

图 3-25　原始状态　　　　　　　　　图 3-26　实验前期

 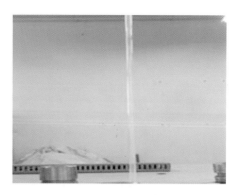

图 3-27　实验中期　　　　　　　　　　　图 3-28　实验后期

　　从实验结果可以看出，当高温高压气体放入垂直管时，气流瞬间变成雾状，说明有单质硫液滴析出，而随着实验的进行管壁上出现一些很小的液滴向管子底部滑落。随着放入气流的增加，垂直管的上部呈现雾状，下部有少量的液滴和气流搅动，气体中单质硫析出牢牢吸附在管壁上。待实验结束后，取出玻璃管发现，在玻璃管底部有大量的棕黄色的固态硫粉沉积。反应釜壁面上沉积的硫几乎不能清除（图 3-29、图 3-30），因此由气体直接析出的硫是很难除掉的。

 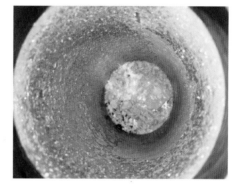

图 3-29　装置俯视图　　　　　　　　　　图 3-30　装置侧视放大图

2.井壁上单质硫分布形态

　　利用扫描电镜对沉积出来的单质硫形态进行观测，结果见图 3-31。利用扫描电镜观测吸附在井壁上的硫颗粒的大小发现，聚集在井壁上的单质硫直径大小不等，为 238.8nm～135.0μm。说明单质硫的形成是一个由小到大的过程，即先由纳米级的单质硫晶体聚集形成面状单质硫，再逐渐形成层状的单质硫。

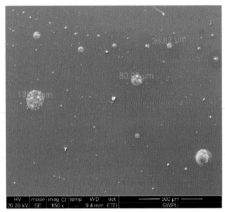

图 3-31　微观图

3.3.4　高含硫裂缝性气藏数值模拟

1.高含硫裂缝性气藏储层综合伤害数学模型

1)模型假设条件

(1)气藏渗流为等温过程;

(2)只考虑高含硫气体和液硫两相,不考虑水相的影响;

(3)气体在多孔介质中的流动符合达西定律;

(4)气相中除含有烃组分外,还有一定含量的 H_2S(或 H_2S 和 CO_2)组分以及元素硫组分,析出的硫微粒为液相,密度为常数;

(5)硫在天然气中的溶解主要受温度、压力以及气体组成影响;

(6)地层原始状态下元素硫在气相中处于饱和状态;

(7)忽略多硫化氢分解的影响;

(8)岩石微可压缩,忽略重力和毛管力的影响;

(9)储层内考虑裂缝网格与裂缝网格之间、基质与基质之间的流动以及裂缝与基质之间的流体交换,即储层为双孔单渗模型;

(10)气藏开采过程中,由于压力和近井地带温度降低导致的硫沉积会降低孔隙度和渗透率,同时应力变化致使裂缝趋于闭合也会导致孔隙度和渗透率的降低。

2)基本渗流微分方程

(1)裂缝系统

气相连续性方程:

$$\nabla\left(\frac{\rho_g K_{gf}}{\mu_g}\nabla p_{gf}\right)+q_{gmf}+q_g=\frac{\partial(\varphi_f S_{gf}\rho_g)}{\partial t} \tag{3-17}$$

液相连续性方程:

$$\nabla\left(\frac{\rho_1 K_{gf}}{\mu_g}\nabla p_{gf}\right)+\nabla\left(\frac{\rho_1 K_{lf}}{\mu_1}\nabla p_{lf}\right)+q_{lmf}+q_1=\frac{\partial[\varphi_f(\rho_1 S_{lf}+S_{gf}C_s)]}{\partial t} \tag{3-18}$$

（2）基质系统

气相连续性方程：

$$\nabla\left(\frac{\rho_g K_{gm}}{\mu_g}\nabla p_{gm}\right)-q_{gmf}=\frac{\partial(\varphi_m S_{gm}\rho_g)}{\partial t} \tag{3-19}$$

液相连续性方程：

$$\nabla\left(\frac{\rho_1 K_{gm}}{\mu_g}\nabla p_{gm}\right)+\nabla\left(\frac{\rho_1 K_{lm}}{\mu_1}\nabla p_{lm}\right)-q_{lmf}=\frac{\partial[\varphi_m(\rho_1 S_{lm}+S_{gm}C_s)]}{\partial t} \tag{3-20}$$

式（3-17）～式（3-20）中，下标 m、f——分别表示基质系统和裂缝系统；

下标 l、g——分别表示液相和气相；

φ——孔隙度，小数；

K——渗透率，$10^{-3}\mu m^2$；

q_l——液体源汇项；

q_g——气体源汇项；

q_{gmf}——系统中的气体窜流项；

q_{lmf}——系统中的液体窜流项；

ρ——密度，$kg\cdot m^{-3}$；

p——压力，MPa；

μ——黏度，$mPa\cdot s$；

C_s——溶解在气相中的硫微粒浓度，$g\cdot m^{-3}$；

S——饱和度，小数。

3）实例分析

为了研究液硫对气藏生产动态的影响，用双重介质模型对 A 气田中 X 井所在的一部分含气区域进行研究，水平井井段长度为 510m。并假定生产井在该含气区域的中部，模拟区域基本参数见表3-9。

表3-9　模拟区域基本参数表

基本参数	取值
基质孔隙度	0.078
裂缝孔隙度	0.012
基质渗透率/($10^{-3}\mu m^2$)	1.68
裂缝渗透率/($10^{-3}\mu m^2$)	50.4
初始压力/MPa	55
储量/($10^8 m^3$)	17
液硫黏度/(mPa·s)	8
污染半径/m	2
地层温度/℃	123.4

2.气井产能影响因素敏感性分析

1)配产对气井产能的影响

从图 3-32 中可以看出,气井配产越大,气井的稳产时间越短。

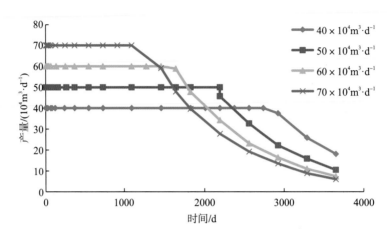

图 3-32　配产(存在液硫)对气井产量的影响

2)是否存在液硫对气井产量的影响

从图 3-33 中可以看出,配产为 $50×10^4m^3\cdot d^{-1}$ 和 $70×10^4m^3\cdot d^{-1}$ 时,存在液硫时气井的稳产时间比不存在液硫时气井的稳产时间缩短 1 年。液硫的存在使得气井的最终累产气量有较大幅度的下降。

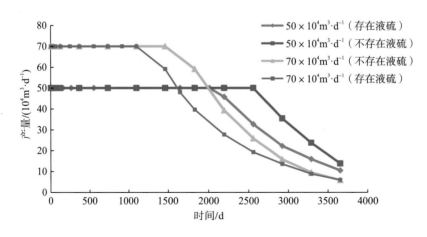

图 3-33　是否存在液硫对气井产量的影响

3)裂缝渗透率对气井产量的影响

从图 3-34 中可以看出,当裂缝渗透率分别为基质渗透率的 10 倍、20 倍、30 倍、40

倍和 50 倍时，气井稳产时间分别为 1279d、1827d、2010d、2192d 和 2375d。裂缝渗透率越大，气井的稳产时间越长，10 年末的气井的累产气量越高。

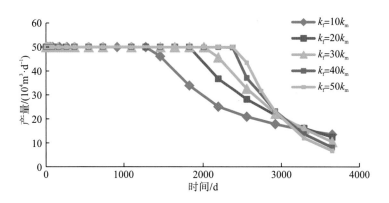

图 3-34　裂缝渗透率对气井产量的影响

3.4　硫沉积解堵技术

3.4.1　采取合理的开采工艺

根据硫沉积机理，采取有针对性的工艺措施可在一定程度上降低硫沉积的发生概率和发生速度。

1.控制井筒温度压力的变化

温度降低会引起硫溶解度下降，从而导致元素硫析出沉积。因此控制集输系统的温度可以有效地减少硫在系统中的沉积。对设备和管线加装一些保温设施，保持流体在设备和管线中的温度，可减少元素硫的析出，从而减缓硫沉积以及由此引发的硫堵塞。实验证明，当温度恒定在 50℃ 以上时，由硫沉积引发的堵塞会显著减少。该方法安全、可靠，污染少，能耗低，简便有效。

和温度一样，压力的下降也可能引起元素硫的沉积，因此控制压力的变化也是十分必要的。在生产当中，应尽量选用内部结构简单的设备和部件，以免引起过大的压力变化。

2.控制开采速度

如果采气速度大于将单质硫带出的临界速度，单质硫就不会在井筒沉积。快速开采时的气流速度较快，更容易将析出的硫颗粒带走，不易发生沉积。但是过快的速度也会导致温度压力急剧下降，使元素硫加快沉积，导致地层和设备的堵塞。因此，在开采过程中，应针对气井自身的情况，制定合理的开采计划，将开采速度控制在合理范围之内。

3.4.2 做好硫沉积的预测工作

随着气井的生产，不可避免的要发生元素硫的析出、沉积，因此做好硫沉积的预测工作至关重要。通过比较不同产量下不同深度处酸性天然气中的含硫量与天然气在某一压力、温度下的临界硫溶量，即可预测是否会有单质硫的析出及析出位置。

除此之外，应加强对硫沉积的研究，确定天然气中的含硫量，同时对发生硫沉积的气井要做好取样化验工作，确定单质硫的密度、颗粒直径等参数，为其他生产井硫沉积的预测提供依据。

3.4.3 生物竞争排除技术

生物竞争排除技术是 Hitzman 和 Dennis(1998)提出的一种新的生物技术。其原理就是向地层中注入水溶性的低浓度营养液，该营养液会抑制地层中硫酸盐还原菌(sulfate-reducing bacteria，SRB)的生长。从源头上减少或消除地层中因生物生成的 H_2S 气体，以达到减少硫沉积的目的。该方法环保、经济、高效。

3.4.4 除硫

目前国内外解决硫沉积的方法大致可归纳为三个类型：发生化学反应、加热熔化及用溶剂(或溶液)溶解硫。

某些地方的气矿定期停产，将发生硫堵严重的部分拆下来清洗，用乙二醇作载体加热溶硫，溶硫效果好，可将部件清洗得很干净。

对于已经发生堵塞的部位，可以尝试对设备局部进行加热，使堵塞部位沉积的硫溶解，达到解堵的效果。

硫溶剂解堵治理技术是目前国外广泛采用的一套硫沉积治理方法。加注硫溶剂可降低元素硫与管道内壁的接触面，使元素硫呈气态与气流一起运动，防止硫沉积。硫溶剂主要分为物理溶剂和化学溶剂。化学溶剂主要是与硫化氢和单质硫发生化学反应，生成易流动的物质。常用的物理溶剂如甲苯、四氯化碳、二硫化碳等，只能处理中等程度的硫沉积，其中芳烃的溶硫性又高于脂肪烃。而常用的化学溶剂主要有二芳基二硫化物、二烷基二硫化物、二甲基二硫化物等，对处理严重的硫沉积十分有效。

常见的加注硫溶剂方法有三种：油管直接间歇注入法、环空间歇注入法、环空连续注入法。在实际操作过程中，将缓蚀剂与硫溶剂一起注入，既脱除了单质硫也防止了管道内的腐蚀。

第4章 酸性气体-水-岩反应机理及 反应动力学

水-岩反应指地质作用过程当中流体与岩石所发生的相互作用(凌其聪和刘丛强,2001)。在酸性气藏形成过程中,由于硫酸盐热化学还原作用(thermochemical sulfate reduction,TSR)、高温变质作用等生成大量的 H_2S、CO_2 气体,在地层水存在的条件下,酸性气体首先会溶于地层水,然后生成的酸液与地层岩石接触发生反应,改变多孔介质的孔隙结构,影响储层的孔隙度和渗透率,直到达到一个动态平衡状态,因此研究酸性气体-水-岩反应机理对探究其对物性的影响有着十分重要的意义。酸性气体-水-岩反应机理图如图 4-1 所示。

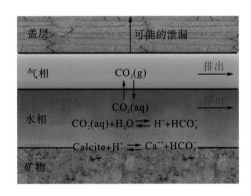

图 4-1 CO_2-水-岩反应机理

4.1 酸性气体在地层水中的溶解度研究

4.1.1 酸性气体的溶解析出机理

在储层条件下,油气藏再形成过程中由于 TSR 过程会产生 H_2S、CO_2 酸性气体,这些气体不断与油气藏中的原油、天然气和地层水接触并溶解。

侯大力等(2015)通过实验得到了不同温度、压力和矿化度条件下 CO_2 在地层水中的溶解度曲线,如图 4-2 所示。

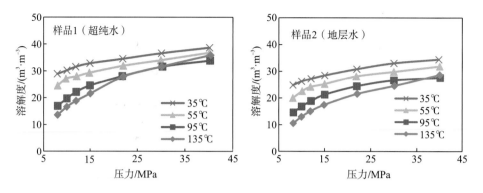

图 4-2　CO_2 的溶解度曲线(不同矿化度、温度和压力条件下)

从图 4-2 中可以看出，CO_2 在水中的溶解度受温度、压力和地层水的矿化度的影响较大。在相同温度条件下，CO_2 在水中的溶解度与压力呈正相关关系。当温度大于 100℃、压力小于 22MPa 时，溶解度随温度增加而降低；当温度大于 100℃、压力大于 22MPa 时，溶解度随温度增加而略微升高。在相同压力条件下，CO_2 的溶解度与温度呈负相关关系。

4.1.2　酸性气体溶解度计算

随着科技的迅速发展，通过实验测定某些物质的基础数据成为现代科研人员的常用方法。但由于 H_2S 气体具有剧毒的性质，对实验仪器的密封性要求较高，且很难保证实验人员在操作过程中无有毒气体泄漏；此外，通过实验测定所有不同情况下的数据是不现实的，何况高温高压下的实验工作难度很大。因此，通常采用亨利定律计算酸性气体在水中的溶解度。

假设某一物质在气相和水相处于热力学平衡状态，则相平衡方程可以表示为该物质在气相和水相中的组分逸度相等(Danesh，2000)。即

$$f_{iV} = f_{iL} \tag{4-1}$$

式中，f_{iV}——气相中组分 i 的逸度，MPa；

　　　f_{iL}——液相中组分 i 的逸度，MPa。

通常来说，逸度可通过状态方程计算得到。气相中逸度 f_{iV} 通过状态方程进行计算，而在水相中气体组分的逸度 f_{iL} 采用亨利定律计算(Li and Nghiem，1986)，即

$$f_{iL} = y_{iL} H_i \tag{4-2}$$

式中，H_i——组分 i 的亨利常数，MPa；

　　　y_{iL}——液相中组分 i 的质量摩尔浓度，mol·kg^{-1}。

亨利常数 H_i 是一个与压力、温度和盐度相关的函数。亨利常数可通过给定的压力、温度和盐度进行计算。液相溶液中的气体组分的摩尔体积通过给定的温度进行计算。下列等式用来计算任意温度下的亨利常数：

$$\ln H_i = \ln H_i^* + \frac{\bar{v}_i(p - p^*)}{RT} \tag{4-3}$$

式中，H_i——在压力 p、温度 T 条件下，组分 i 的亨利常数，MPa；

$\quad\quad H_i^*$——在参考压力 p^*、温度 T 条件下，组分 i 的亨利常数，MPa；

$\quad\quad p$——压力，MPa；

$\quad\quad p^*$——参考压力，MPa；

$\quad\quad T$——热力学温度，K；

$\quad\quad \bar{v}_i$——组分 i 的偏摩尔体积，$cm^3 \cdot mol^{-1}$。

上述方法适用于假定整个水层中温度和盐度不会发生显著变化的情况，因此可以通过温度和盐度来计算亨利常数。因此，亨利常数计算的实现将为处理上述情况提供更大的灵活性。Harvey 提出了许多气体成分的亨利常数的相关关系，包括 CO_2、H_2S、N_2 和 CH_4。

1. 亨利定律常数的相互关系式

Harvey（1996）提出了以下相关关系式，通过水的饱和压力 $p_{H_2O}^s$、温度 T，计算各种气体的亨利常数：

$$\ln H_i^s = \ln p_{H_2O}^s + A(T_{f,H_2O})^{-1} + B(1-T_{f,H_2O})^{0.355}(T_{f,H_2O})^{-1} + C \cdot \exp(1-T_{f,H_2O}) \cdot (T_{f,H_2O})^{-0.41} \quad (4\text{-}4)$$

其中，

$$\ln p_{H_2O}^s = 16.37379 - \frac{3876.36}{T - 43.42} \quad (4\text{-}5)$$

式中，H_i^s——水在饱和压力下组分 i 的亨利常数，MPa；

$\quad\quad p_{H_2O}^s$——水在温度 T 下的饱和压力，MPa；

$\quad\quad T_{f,H_2O}$——$\dfrac{T}{T_{c,H_2O}}$，T_{c,H_2O} 为 H_2O 的临界温度，K。

气体相关参数 A、B 和 C 值见表 4-1。

表 4-1　计算亨利常数的相关参数

气体种类	A	B	C
CO_2	-9.4234	4.0087	10.3199
H_2S	-5.7131	5.3727	5.4227

而在任意温度 T 和压力 p 下的亨利常数为

$$\ln H_i = \ln H_i^s + \frac{1}{RT} \int_{p_{H_2O}^s}^{p} \bar{v}_i \mathrm{d}p \quad (4\text{-}6)$$

对于 CO_2，通过对 Duan 和 Sun（2003）的实验数据进行拟合得到计算 $\bar{v}_i$ 的关系式：

$$\bar{v}_{CO_2} = -47.75418 + 4.336154 \times 10^{-1} \times T - 5.945771 \times 10^{-4} \times T^2 \quad (4\text{-}7)$$

对于 H_2S，通过对 Duan 等（2007）的实验数据拟合得到计算 $\bar{v}_i$ 的关系式：

$$\bar{v}_{H_2S} = 160.5567 - 5.538776 \times 10^{-1} \times T \quad (4\text{-}8)$$

式中，$\bar{v}_i$——在温度 T 下，液相中组分 i 的偏摩尔体积，$cm^3 \cdot mol^{-1}$。

2.盐度的影响

通过某一组分在纯水中的亨利常数以及盐析系数等确定其在盐水中的亨利常数：

$$\ln\left(\frac{H_{salt,i}}{H_i}\right)=k_{salt,i}m_{salt} \tag{4-9}$$

式中，$H_{salt,i}$——盐水中组分 i 的亨利常数，MPa；

  H_i——盐度为 0 时，组分 i 的亨利常数，MPa；

  $k_{salt,i}$——组分 i 的盐析系数；

  m_{salt}——溶解于水中的盐的摩尔浓度，$mol\cdot kg^{-1}$。

Bakker（2003）给出了以下关系式用于计算 CO_2 和 CH_4 的盐析系数：

$$k_{salt,CO_2}=0.11572-6.0293\times10^{-4}\hat{T}+3.5817\times10^{-5}\hat{T}^2-3.7772\times10^{-9}\hat{T}^3 \tag{4-10}$$

Suleimenov 和 Krupp（1994）给出了计算 H_2S 的盐析系数的关系式：

$$\begin{aligned}k_{salt,H_2S}=&8.37106265\times10^{-4}-5.135608863\times10^{-4}\hat{T}+6.387039005\times10^{-5}\hat{T}^2\\&-2.217360319\times10^{-8}\hat{T}^3-5.069412169\times10^{-11}\hat{T}^4+2.827486651\times10^{-13}\hat{T}^5\end{aligned} \tag{4-11}$$

式中，$\hat{T}$——摄氏温度，℃。

考虑到实际储层的温度、压力条件，根据式（4-2）～式（4-8）计算温度分别为 100℃、110℃和 120℃，压力为 30～70MPa 时 H_2S 和 CO_2 的溶解度，结果如图 4-3 所示。

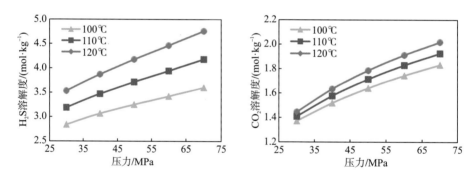

图 4-3　两种酸性气体在水中的溶解度

根据图 4-3 发现，相同条件下，H_2S 的溶解度要大于 CO_2 的溶解度；酸性气体在水中的溶解度随着温度和压力的增加而增大，并且 H_2S 的溶解度受温度的影响大于 CO_2。

4.2　酸性气体在水中的反应机理研究

在没有多孔介质存在的条件下，酸性气体在水中溶解后会以分子的形式存在，只有少量的酸性气体会发生电离、水解，生成弱酸。而当多孔介质和可反应的矿物存在时，大部分酸性气体会与水分子发生化学反应，生成的 H^+ 与储层矿物发生相互作用。

一般情况下，CO_2 溶于水生成 H_2CO_3，H_2CO_3 在水溶液中发生一级电离、二级电离，生成 HCO_3^- 和 CO_3^{2-}，生成的 H^+ 使溶液 pH 降低，其中一级电离程度远大于二级电离，溶液中 HCO_3^- 的含量要远高于 CO_3^{2-} 的含量（于炳松和赖兴运，2006）。之后与可溶性矿物发生反应，H^+ 被消耗，pH 升高。反应步骤如下：

$$CO_{2(gas)} \Longrightarrow CO_{2(aq)}$$

$$CO_{2(aq)} + H_2O \Longrightarrow H_2CO_3$$

$$H_2CO_3 \Longrightarrow HCO_3^- + H^+$$

$$HCO_3^- \Longrightarrow CO_3^{2-} + H^+$$

总反应过程：$CO_2 + H_2O \Longrightarrow H^- + HCO_3^-$

H_2S 是一种二元弱酸，在 20℃时 1 体积水能溶解 2.6 体积的 H_2S，在水中生成的溶液称为氢硫酸，会发生电离。H_2S 在水中的第二级电离水平相对较低，存在以下平衡：

$$H_2S_{(gas)} \Longrightarrow H_2S_{(aq)}$$

$$H_2S_{(aq)} \Longrightarrow H^+ + HS^-$$

$$HS^- \Longrightarrow H^+ + S^{2-}$$

总反应过程：$H_2S \Longrightarrow H^+ + HS^-$

当上述反应达到平衡状态时，满足：

$$Q - K_{eq} = 0 \tag{4-12}$$

其中，

$$Q = \prod_{i=1}^{n} a_i^{v_i} \tag{4-13}$$

$$\log K_{eq} = a_0 + a_1 T + a_2 T^2 + a_3 T^3 + a_4 T^4 \tag{4-14}$$

根据热力学原理，根据反应物的饱和指数（saturation index，SI）可以判断反应过程中的反应方向，SI 可表示为（Xu et al.，2012）：

$$SI = \log(Q/K_{eq}) \tag{4-15}$$

式（4-12）～式（4-15）中，Q——活度积系数；

$\quad\quad K_{eq}$——平衡常数；

$\quad\quad SI$——饱和指数；

$\quad\quad a_i$——组分 i 的活度；

$\quad\quad v_i$——组分 i 的化学计量数，正数表示生成物，负数表示反应物；

$\quad\quad a_0$、a_1、a_2、a_3、a_4——系数，见表 4-2；

$\quad\quad T$——热力学温度，K。

表 4-2　系数表

	a_0	a_1	a_2	a_3	a_4
CO_2	−6.549243	9.00174E-3	−1.02115E-4	2.761879E-7	−3.561421E-10
H_2S	−7.61239	2.92971E-2	−2.67437E-4	8.99916E-7	1.21531E-9

当 SI<0 时，反应正向进行，在水-岩反应过程中表示矿物或气体处于非饱和状态，有发生溶解的趋势；当 SI=0 时，反应达到平衡状态，在水-岩反应过程中表示矿物或气体处于平衡状态，溶解和沉淀的速率相等；当 SI>0 时，反应逆向进行，在水-岩反应过程中也可以表示矿物或气体趋向于沉淀。

CO_2 与 H_2S 两种酸性气体与 H_2O 发生反应，通过式(4-12)~式(4-15)计算其反应物饱和指数，反应参数见表 4-3 和表 4-4，计算结果见表 4-5 和表 4-6。

表 4-3　CO_2 与 H_2O 反应参数表

	H_2O	CO_2	HCO_3^-	H^+
摩尔浓度/(mol·kg^{-1})	2.89E-5	3.041E-3	0.02	2.89E-5
v_i	-1	-1	1	1

表 4-4　H_2S 与 H_2O 反应参数表

	H_2S	HS^-	H^+
摩尔浓度/(mol·kg^{-1})	2.89E-5	0.02	2.89E-5
v_i	-1	1	1

表 4-5　CO_2 与 H_2O 反应动力学计算结果

温度/℃	温度/K	$\log K_{eq}$	K_{eq}	Q	Q/K_{eq}	SI
25	298.15	-8.437	3.656E-9	5.79E-7	1.58E+2	2.1995
65	338.15	-9.159	6.932E-10	5.79E-7	8.35E+2	2.9217
93	366.15	-9.787	1.633E-10	5.79E-7	3.54E+3	3.5495
121	394.15	-10.55	2.826E-11	5.79E-7	2.05E+4	4.3114
149	422.15	-11.48	3.313E-12	5.79E-7	1.75E+5	5.2423
177	450.15	-12.62	2.399E-13	5.79E-7	2.41E+6	6.3824
204	477.15	-13.96	1.097E-14	5.79E-7	5.28E+7	7.7225

表 4-6　H_2S 与 H_2O 反应动力学计算结果

温度/℃	温度/K	$\log K_{eq}$	K_{eq}	Q	Q/K_{eq}	SI
25	298.15	-8.4	3.95E-9	5.79E-7	1.46E+2	2.165817
65	338.15	-9.38	4.17E-10	5.79E-7	1.386E+3	3.142262
93	366.15	-10.4	3.91E-11	5.79E-7	1.480E+4	4.17024
121	394.15	-11.8	1.45E-12	5.79E-7	3.999E+5	5.601924
149	422.15	-13.8	1.59E-14	5.79E-7	3.6491E+7	7.56219
177	450.15	-16.4	3.70E-17	5.79E-7	1.56E+10	10.19384
204	477.15	-19.8	1.76E-20	5.79E-7	3.29E+13	13.51761

两种酸性气体反应物饱和指数对比情况如图 4-4 所示。

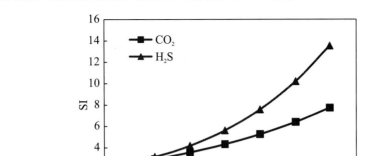

图 4-4 两种酸性气体饱和指数对比

从图 4-4 可以看出，两种酸性气体在温度为 25～204℃时 CO_2 和 H_2S 与水之间反应后的饱和指数均大于零，反应正向进行，在水中生成酸且 H_2S 的饱和指数大于 CO_2，因此 H_2S 在水中生成酸的能力较强。

4.3 水-岩相互作用机理

4.3.1 H^+ 的扩散系数

在酸性气体-水-岩反应过程中，首先是酸性气体与水之间的反应，大量的 H^+ 会因浓度差的存在通过扩散的方式向岩石矿物表面发生传递，这也是反应发生的前提。通常 H^+ 的扩散系数可通过以下公式表示：

$$D = r_\theta^{1.5} b^{1.5} \rho^{0.5} K^{-0.5} \omega^{\frac{n-1}{2}} A^{-1.5} c_0^{-1.5} Re^{-1.5B} \tag{4-16}$$

式中，D——H^+ 的扩散系数；

r_θ——反应速率，$mol \cdot m^{-2} \cdot s^{-1}$；

b——H^+ 与岩石表面的距离，m；

ρ——酸液的密度，$kg \cdot m^{-3}$；

K——稠度系数；

ω——角速度，$rad \cdot s^{-1}$；

A、B——与流态有关的系数，取值见表 4-7；

c_0——酸液浓度，$mol \cdot m^{-3}$；

n——流态指数；

Re——雷诺数。

表 4-7　与流态有关的系数 *A* 和 *B* 取值表

流态	A	B
层流	0.33	0.5
过渡流	0.0011	1.15
紊流	0.026	0.8

4.3.2　矿物溶解与沉淀机理

酸性气体溶于水中所生成的酸液中含有多种离子成分，与岩石表面矿物接触会发生反应，不仅会改变岩石表面的矿物组成分布、孔喉结构和渗透率大小，还会改变地层水中的离子含量以及酸性气体的溶解度。

在酸性环境下，储层岩石中大多数矿物性质不稳定，尤其是大多数碳酸盐岩矿物容易溶解于水中。当酸性气体在整个系统中的分压较高时，酸性气体易溶于溶液，生成的 H^+ 离子会溶蚀岩石表面。

通常储层分为砂岩储层和碳酸盐岩储层。砂岩储层以石英和硅酸盐矿物为代表，酸性环境下硅酸盐矿物往往会被溶解或发生沉淀甚至转化成其他矿物。砂岩储层中常见的硅酸盐矿物有钾长石、钠长石和钙长石等，其与酸发生反应的过程如下（朱子涵等，2011）：

钾长石（$KAlSi_3O_8$）：

$$2KAlSi_3O_8 + 2H^+ + 9H_2O \Longrightarrow Al_2SiO_5(OH)_4 + 2K^+ + 4H_4SiO_4$$

钠长石（$NaAlSi_3O_8$）：

$$2NaAlSi_3O_8 + 3H_2O + 2CO_2 \Longrightarrow Al_2SiO_5(OH)_4 + 4SiO_2 + 2Na^+ + 2HCO_3^-$$

$$NaAlSi_3O_8 + H_2O + CO_2 \Longrightarrow NaAlCO_3(OH)_2 + 3SiO_2$$

钙长石（$CaAl_2Si_2O_8$）：

$$CaAl_2Si_2O_8 + H_2CO_3 + H_2O \Longrightarrow CaCO_3 + Al_2Si_2O_5(OH)_4$$

绝大多数碳酸盐矿物都能被酸溶解。在饱和条件下，重碳酸盐的形成和存在是主要的固结形式。实际上，碳酸盐矿物的溶解沉淀机理比较复杂，受到整个流体-岩石体系组成的影响，与离子、分子等物质的活度相关。由于浓度差的存在，反应过程和产物在空间的分布有差异。通常，碳酸盐岩储层主要含有碳酸盐矿物，常见的碳酸盐岩矿物有方解石、白云石、菱镁矿、菱铁矿等，其与酸发生反应过程分别如下：

方解石（$CaCO_3$）：

$$CaCO_3 + H^+ \Longrightarrow Ca^{2+} + HCO_3^-$$

白云石（$MgCa(CO_3)_2$）：

$$CaMg(CO_3)_2 + 2H^+ \Longrightarrow Mg^{2+} + Ca^{2+} + 2HCO_3^-$$

菱镁矿（$MgCO_3$）：

$$MgCO_3 + H^+ \Longrightarrow Mg^{2+} + HCO_3^-$$

菱铁矿（$FeCO_3$）：

$$FeCO_3 + H^+ \Longrightarrow Fe^{2+} + HCO_3^-$$

　　矿物与酸的反应是一个动态可逆的过程，反应的方向和速率都受到温度、压力、分压和接触反应的表面积的控制。当酸性气体在反应系统中的分压不断降低时，溶解的气量和生成的 H^+ 离子不断减少，反应便会向左进行，导致矿物会发生沉淀。因此反应存在一个动力学平衡状态，是指正与逆反应速率完全相等，溶解和沉淀的过程仍在继续但并不改变体系成分时的状态。

4.3.3　水-岩反应速率模型的建立

　　为了能够定量的评价储层矿物在地质时间尺度下的溶解程度，建立水-岩反应动力学速率方程。水-岩反应的动力学速率方程的建立是研究其对储层物性的影响过程中尤为重要的部分。水-岩反应速率实际上指的就是岩石矿物的溶解(或沉淀)速率。矿物溶解(或沉淀)速率可以用两种方式来表示，一种是比溶解(或沉淀)速率，指单位时间内在单位表面积矿物上溶解(或沉淀)的矿物摩尔数，单位可表示为 $mol/(m^2 \cdot s)$；第二种是体溶解(或沉淀)速率，指单位时间内从单位质量矿物中溶解(或沉淀)的矿物的摩尔数，单位可表示为 $mol/(kg \cdot s)$ (Holdren and Speyer, 1985)。溶解(或沉淀)速率标识一般也有两种方式：一是以某元素的析出(或消耗)速率作为矿物溶解(或沉淀)速率；二是在已知某元素析出(或消耗)速率的情况下，通过矿物中各元素的化学计量的关系来计算矿物的综合溶解(或沉淀)速率。本书采用某元素的析出(或消耗)速率来表示。

　　酸性气体-水-岩反应体系中，矿物 θ 的溶解或沉淀速率可通过溶液中的某组分 i 的浓度变化速率来表示，可表示为与矿物的反应速率常数 k_θ、矿物反应表面积 A_θ 和溶液体积 V 的关系：

$$\frac{dc_i}{dt} = \frac{A_\theta}{V} v_i k_\theta \tag{4-17}$$

　　当 A_θ 为单位体积岩石中矿物 θ 的反应表面积时，溶液的体积 V 可以用多孔介质的孔隙度 φ 来表示，那么：

$$\frac{dc_i}{dt} = \frac{A_\theta}{\varphi} v_i k_\theta \tag{4-18}$$

　　式中，$\dfrac{dc_i}{dt}$ ——组分 i 在溶液中的浓度变化率，$mol \cdot kg^{-1} \cdot s^{-1}$；

A_θ ——矿物 θ 的反应表面积，m^2；

V ——与矿物 θ 接触的溶液体积，m^3；

v_i ——矿物 θ 中组分 i 的化学计量数；

k_θ ——矿物 θ 的反应速率常数，$mol \cdot kg^{-1} \cdot s^{-1}$；

φ ——孔隙度，小数。

　　反应表面积 A_θ 往往会随着反应的进行而改变。当用球状模型来近似处理反应表面积时：

$$A_\theta = \frac{3}{r_\theta} \frac{(1-\varphi)}{\varphi} \tag{4-19}$$

　　当反应场所为裂缝时：

$$\frac{A_\theta}{V} = \frac{2}{\omega} \tag{4-20}$$

当反应场所分选较好的砂岩时，简化为半径为 r_θ 的紧凑球状模型：

$$\frac{A_\theta}{V} = \frac{8.55}{r_\theta} \tag{4-21}$$

此外，如果矿物颗粒的平均半径为 $\bar{r}_\theta$，矿物含量为 $x_\theta \%$，单位岩石体积矿物颗粒数为 N_θ，那么：

$$\frac{4}{3}\pi \bar{r}_\theta^3 N_\theta = \frac{x_\theta}{100} \tag{4-22}$$

或：

$$N_\theta = \frac{3x_\theta}{400\pi \bar{r}_\theta^3} \tag{4-23}$$

在单位岩石体积内，流体的体积就是储层孔隙体积，因此：

$$\frac{A_\theta}{V} = \frac{4\pi \bar{r}_\theta^2 N_\theta}{\varphi} = \frac{3x_\theta}{100\bar{r}_\theta \varphi} \tag{4-24}$$

式(4-19)～式(4-24)中， r_θ ——颗粒半径，m；

ω ——裂缝宽度，m；

$\bar{r}_\theta$ ——颗粒平均半径，m；

x_θ ——矿物含量，%；

N_θ ——单位岩石体积矿物颗粒数。

因此，可以看出，分选较好的颗粒比分选差的颗粒反应速率快，同时低孔隙度会加速溶液的替换速率。

4.3.4 水-岩反应速率的影响因素

大量研究均发现，酸性气藏中矿物的溶解速率不仅受到外界溶液的 pH、离子组成、反应体系的温度的影响，还受到岩石矿物比表面积、含量等内部因素的影响。

1.矿物比表面积对反应速率的影响

通常，矿物比表面积是指单位外表体积岩石内的孔隙总内表面积(徐则民等，2005)。本书为了研究反应速率与比表面积的关系，采用的是上文提到的溶解速率。矿物溶解总是发生在与酸接触的矿物表面上，其溶解速率常数与比表面积成正比，其关系式如下：

$$k_\theta \propto s^m \tag{4-25}$$

或表示为

$$\log k_\theta \propto m \log s \tag{4-26}$$

式(4-25)、式(4-26)中， k_θ ——溶解速率常数，$mol \cdot kg^{-1} \cdot s^{-1}$；

s ——矿物的比表面积，$m^2 \cdot m^{-3}$；

m ——经验系数，一般取 1。

2.溶液的 pH 对反应速率的影响

大量针对矿物溶解动力学研究的实验结果表明，矿物的溶解作用直接与溶液中的 H^+ 活度即 pH 有直接关系，矿物溶解速率与 H^+ 活度成正比，其关系式如下（谭凯旋等，1994）：

$$k_\theta \propto (a_{H^+})^{n_\theta} \tag{4-27}$$

式中，a_{H^+}——H^+的活度；

　　n_θ——反应动力学参数，一般取值为 0.5～1。

3.反应体系的温度对反应速率的影响

反应体系的温度是影响反应速率常数 k_θ 值的重要因素。Lasaga 等（1994）提出了 Arrhenius 公式，能较好的适用于大多数情况，其关系式如下：

$$k_\theta \propto A e^{-\frac{E_{a\theta}}{RT}} \tag{4-28}$$

A 值与 E_θ 值一般可由不同温度下的实验测得，通常在已知 25℃的反应速率常数的条件下，可通过以下的速率常数方程计算不同温度条件下在纯水中的速率常数：

$$k_\theta = k_{25} \exp\left[\frac{-E_{a\theta}}{R}\left(\frac{1}{T} - \frac{1}{298.15}\right)\right] \tag{4-29}$$

式中，$E_{a\theta}$——反应活化能，$J \cdot mol^{-1}$；

　　R——气体常数，$8.314 J \cdot mol^{-1} \cdot K^{-1}$；

　　k_{25}——25℃时的反应速率常数，$mol \cdot kg^{-1} \cdot s^{-1}$；

　　T——热力学温度，K。

式（4-28）中的动力学速率方程仅考虑在中性条件下的机制，而通常情况下，矿物的溶解或沉淀不仅会受到中性机制的影响，还会受到酸性和碱性机制的影响。考虑三种机制的反应动力学速率常数可以表示为（Lasaga et al.，1994）：

$$k(T) = k_{25}^{nu}\left[\frac{-E_\theta^{nu}}{R}\left(\frac{1}{T} - \frac{1}{298.15}\right)\right] + k_{25}^{H}\left[\frac{-E_\theta^{H}}{R}\left(\frac{1}{T} - \frac{1}{298.15}\right)\right]a_H^{n_H} + k_{25}^{OH}\left[\frac{-E_\theta^{OH}}{R}\left(\frac{1}{T} - \frac{1}{298.15}\right)\right]a_H^{n_{OH}} \tag{4-30}$$

式中出现的上标 nu、H、OH 分别表示中性、酸性和碱性机制。

4.3.5　水-岩反应的净反应速率模型

1.模型推导

实际水-岩反应过程中溶解和沉淀过程受到多因素的影响，为了计算方便，本书中水-岩反应的溶解速率模型主要考虑温度产生的影响，即

$$k_\theta^+ = k_{0\theta}^+ \exp\left[\frac{-E_{a\theta}}{R}\left(\frac{1}{T} - \frac{1}{T_0}\right)\right] \tag{4-31}$$

式中，$k_{0\theta}^+$——25℃时的反应速率常数；

T_0——25℃的温度值。

水-岩反应过程中溶解速率可用矿物溶解过程中组分 i 的析出速率表示为

$$\left.\frac{\mathrm{d}c_i}{\mathrm{d}t}\right|_{\mathrm{diss}} = \frac{A_\theta}{V} v_{i\theta} k_\theta^+ (a_{\mathrm{H}^+})^{n_\theta} \tag{4-32}$$

某一矿物在溶液溶解过程中也会存在矿物沉淀过程，值得注意的是沉淀速率受矿物反应表面积 A_θ、溶液体积 V 和各组分活度 a_i 的影响。因此，沉淀速率用组分 i 的消耗速率表示为

$$\left.\frac{\mathrm{d}c_i}{\mathrm{d}t}\right|_{\mathrm{ppn}} = \frac{A_\theta}{V} v_{i\theta} k_\theta^- a_1^{n1} a_2^{n2} \cdots a_m^{nm} \tag{4-33}$$

因此在水-岩反应系统中，反应净速率为

$$\frac{\mathrm{d}c_i}{\mathrm{d}t} = \left.\frac{\mathrm{d}c_i}{\mathrm{d}t}\right|_{\mathrm{diss}} - \left.\frac{\mathrm{d}c_i}{\mathrm{d}t}\right|_{\mathrm{ppn}} = \frac{A_\theta}{V} v_{i\theta} k_\theta^+ (a_{\mathrm{H}^+})^{n_\theta} - \frac{A_\theta}{V} v_{i\theta} k_\theta^- a_1^{n1} a_2^{n2} \cdots a_m^{nm} \tag{4-34}$$

当反应系统处于动态平衡状态时，组分 i 的浓度变化速率为 0，即

$$\frac{\mathrm{d}c_i}{\mathrm{d}t} = 0 \tag{4-35}$$

故：

$$k_\theta^+ (a_{\mathrm{H}^+})^{n_\theta} = k_\theta^- a_1^{n1} a_2^{n2} \cdots a_m^{nm} \tag{4-36}$$

此外，在动态平衡状态下，溶液各组分必须满足溶度积方程：

$$Q = K_{\mathrm{eq}} \tag{4-37}$$

因此，式(4-36)可表示为

$$\frac{k_\theta^+}{k_\theta^-} = \frac{a_1^{n1} a_2^{n2} \cdots a_m^{nm}}{(a_{\mathrm{H}^+})^{n_\theta}} \tag{4-38}$$

式(4-37)和式(4-38)必须得到相同的结果，则必须满足：

$$\frac{a_1^{n1} a_2^{n2} \cdots a_m^{nm}}{(a_{\mathrm{H}^+})^{n_\theta}} = Q^m \tag{4-39}$$

那么：

$$\frac{k_\theta^+}{k_\theta^-} = K_{\mathrm{eq}}^m \tag{4-40}$$

通常 K_{eq} 可通过式(4-14)得到。

因此：

$$\left.\frac{\mathrm{d}c_i}{\mathrm{d}t}\right|_{\mathrm{ppn}} = \frac{A_\theta}{V} v_{i\theta} \frac{Q^m}{K_{\mathrm{eq}}^m} k_\theta^+ (a_{\mathrm{H}^+})^{n_\theta} \tag{4-41}$$

水-岩反应系统中，净反应速率的通用形式为

$$\frac{\mathrm{d}c_i}{\mathrm{d}t} = \frac{A_\theta}{V} v_{i\theta} k_\theta^+ (a_{\mathrm{H}^+})^{n_\theta} - \frac{A_\theta}{V} v_{i\theta} \frac{Q^m}{K_{\mathrm{eq}}^m} k_\theta^+ (a_{\mathrm{H}^+})^{n_\theta} = \frac{A_\theta}{V} v_{i\theta} k_\theta^+ \left(1 - \frac{Q^m}{K_{\mathrm{eq}}^m}\right) (a_{\mathrm{H}^+})^{n_\theta} \tag{4-42}$$

定义 $\hat{A}_\theta$ 为面容比，表示为

$$\hat{A}_\theta = \frac{A_\theta}{V} \tag{4-43}$$

因此：

$$\frac{\mathrm{d}c_i}{\mathrm{d}t} = \frac{\hat{A}_\theta}{\varphi} v_{i\theta} k_\theta^+ \left(1 - \frac{Q^m}{K_{eq}^m}\right) (a_{H^+})^{n_\theta} \tag{4-44}$$

式(4-31)～式(4-44)中，a_i——系统中 i 组分的活度；

　　k_θ^+——矿物 θ 的溶解反应速率，$mol \cdot kg^{-1} \cdot s^{-1}$；

　　k_θ^-——矿物 θ 的沉淀反应速率，$mol \cdot kg^{-1} \cdot s^{-1}$；

　　Q——离子活度系数；

　　K_{eq}——反应平衡常数；

　　$\hat{A}_\theta$——面容比，$m^2 \cdot m^{-3}$。

2.实例计算

由于本书研究的目标储层所含矿物主要为方解石和白云石，因此本书以方解石和白云石与酸的反应为例子进行反应速率的计算。计算中所需要的参数见表 4-8。

表 4-8　系数表

矿物种类	a_0	a_1	a_2	a_3	a_4
$CaCO_3$	2.06889	−1.42668E-2	−6.06096E-6	1.45921E-7	−418928E-10
$CaMg(CO_3)_2$	3.39441	−3.55985E-2	−1.32613E-5	2.41057E-7	−8.14935E-10

通过设置不同温度、不同组分的质量摩尔浓度，研究其对反应的影响规律。

(1)温度、Ca^{2+} 的摩尔浓度对反应速率的影响。设置温度为 25～200℃，Ca^{2+} 的质量摩尔浓度分别为 $0.01mol \cdot kg^{-1}$ 和 $400mol \cdot kg^{-1}$，分别得到方解石和白云石的反应速率曲线，如图 4-5 和图 4-6 所示。

图 4-5 和图 4-6 总的趋势表明，反应速率随温度升高而加快，矿物发生溶解。而当温度一定时，Ca^{2+} 的质量摩尔浓度越大，矿物反应的速率越快，Ca^{2+} 的质量摩尔浓度从 $0.01mol \cdot kg^{-1}$ 增加到 $400mol \cdot kg^{-1}$，反应速率增大了 5 个数量级，且白云石受 Ca^{2+} 的质量摩尔浓度影响较大。

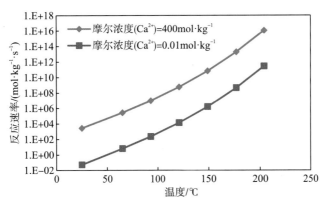

图 4-5　Ca^{2+} 质量摩尔浓度对方解石反应速率的影响

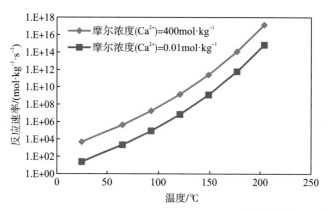

图 4-6　Ca^{2+}质量摩尔浓度对白云石反应速率的影响

　　(2)温度 T=93℃，设置不同的矿物质量摩尔浓度，得到矿物的质量摩尔浓度对方解石和白云石的反应速率对比图，如图 4-7 和图 4-8 所示。

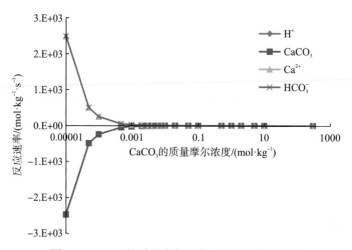

图 4-7　$CaCO_3$ 的质量摩尔浓度对反应速率的影响

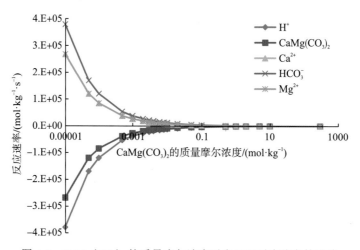

图 4-8　$CaMg(CO_3)_2$ 的质量摩尔浓度对白云石反应速率的影响

从图 4-7 和图 4-8 可知，在温度一定的条件下，方解石和白云石的质量摩尔浓度增大，Ca^{2+}、Mg^{2+}、HCO_3^- 的浓度不断减小，而 H^+、$CaCO_3$ 和 $CaMg(CO_3)_2$ 的反应速率增大，当方解石质量摩尔浓度达到 0.001mol/kg 时各组分反应速率趋于稳定，白云石质量浓度达到 $0.01mol·kg^{-1}$ 时各组分反应速率趋于稳定。

（3）温度 T=93℃，设置矿物的质量摩尔浓度为 0.001mol/kg，不同的 H^+ 质量摩尔浓度对方解石和白云石的反应速率对比图如图 4-9 和图 4-10 所示。

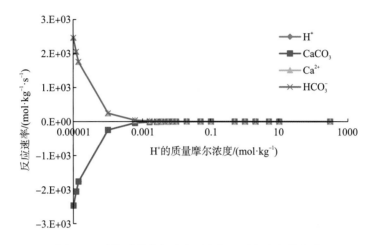

图 4-9　H^+ 的质量摩尔浓度对方解石反应速率的影响

从图 4-9 可知，在温度一定的条件下，随着 H^+ 的质量摩尔浓度的增大，$CaCO_3$ 和 H^+ 的反应速率相等且增大，而 Ca^{2+}、HCO_3^- 的反应速率相等但不断减小，当 H^+ 的质量摩尔浓度达到 0.001mol/kg 时各组分反应速率趋于稳定。

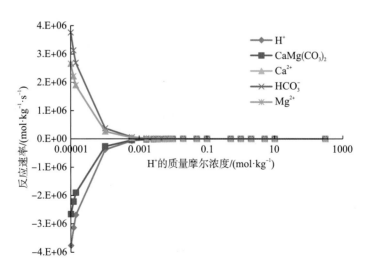

图 4-10　H^+ 的质量摩尔浓度对白云石反应速率的影响

　　从图 4-10 可知，在温度一定的条件下，随着 H^+ 的质量摩尔浓度的增大，$CaMg(CO_3)_2$ 和 H^+ 的反应速率不断增大，且 $CaMg(CO_3)_2$ 的反应速率总大于 H^+ 的反应速率；而 Mg^{2+}、Ca^{2+}、HCO_3^- 的反应速率不断减小，Mg^{2+} 与 Ca^{2+} 的反应速率相等且小于 HCO_3^- 的反应速率，当 H^+ 的质量摩尔浓度达到 $0.001mol \cdot kg^{-1}$ 时各组分的反应速率趋于稳定。

　　(4)温度 $T=93℃$，设置矿物的质量摩尔浓度为 $0.001mol/kg$，根据不同的 Ca^{2+} 的质量摩尔浓度计算得到各组分的反应速率曲线，如图 4-11 所示。

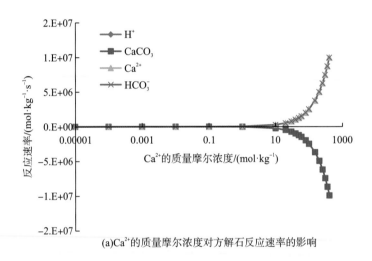

(a)Ca^{2+}的质量摩尔浓度对方解石反应速率的影响

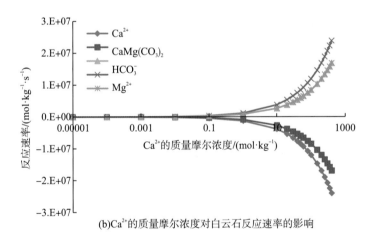

(b)Ca^{2+}的质量摩尔浓度对白云石反应速率的影响

图 4-11　不同的 Ca^{2+} 的质量摩尔浓度对各组分的反应速率的影响

　　从图 4-11 可知，在温度一定的条件下，随着 Ca^{2+} 的质量摩尔浓度的增大，各组分的反应速率起初趋于平稳，当浓度达到 $1mol \cdot kg^{-1}$ 时，对于方解石，Ca^{2+}、HCO_3^- 的反应速率不断增大，而 $CaCO_3$ 和 H^+ 的反应速率不断减小；而白云石也呈现相似的规律，Mg^{2+}、Ca^{2+}、HCO_3^- 的反应速率不断增大，且 HCO_3^- 的反应速率大于 Ca^{2+} 和 Mg^{2+}，$CaMg(CO_3)_2$ 和 H^+ 的反应速率不断减小，且 $CaMg(CO_3)_2$ 的反应速率小于 H^+。

4.4　反应溶质的运移及离子浓度变化

在酸性气藏中，在水-岩相互作用发生的同时，反应溶质会以液相的形式在多孔介质中运移。假设反应溶质在多孔介质中的渗流满足达西定律，对单相、一维流动来说，该定律用微分方程可描述为

$$v_x = -\frac{k_x}{\mu}\frac{\mathrm{d}\Phi}{\mathrm{d}x} \tag{4-45}$$

对三维流动而言，达西定律的微分形式为

$$v = -\frac{k}{\mu}\nabla\Phi \tag{4-46}$$

根据势梯度的定义：

$$\nabla\Phi = \nabla P - \gamma\nabla Z \tag{4-47}$$

忽略重力势的影响，可表示为

$$v = -\frac{k}{\mu}\nabla P \tag{4-48}$$

式(4-45)～式(4-48)中，k_x——x 方向的渗透率，mD；

v_x——x 方向的渗流速度，$\mathrm{m\cdot s^{-1}}$；

μ——黏度，$\mathrm{mPa\cdot s}$；

Φ——流体势；

P——压力势。

在水-岩反应发生过程中，流体组分会发生变化，主要表现为离子浓度的变化。通常，如果忽略离子扩散，那么在溶解或沉淀过程中，溶液中的成分都会遵守速度定律：

$$\frac{\partial(\varphi c_i)}{\partial t} = \varphi R_i - \frac{\partial(v_x\varphi c_i)}{\partial x} - \frac{\partial(v_y\varphi c_i)}{\partial y} - \frac{\partial(v_z\varphi c_i)}{\partial z} \tag{4-49}$$

若主要的流动方向在一个方向(x 方向)，那么：

$$\frac{\partial(\varphi c_i)}{\partial t} = \varphi R_i - \frac{\partial(v_x\varphi c_i)}{\partial x} \tag{4-50}$$

其中，

$$R_i = \sum_\theta v_{i\theta}\frac{A_\theta}{\varphi}R_\theta \tag{4-51}$$

式中，R_i——组分 i 的反应净速率，$\mathrm{mol\cdot kg^{-1}\cdot s^{-1}}$。

因此，溶液中组分 i 的浓度变化可以表示为

$$\frac{\partial(\varphi c_i)}{\partial t} = \sum_\theta v_{i\theta}A_\theta R_\theta - \frac{\partial(v_x\varphi c_i)}{\partial x} - \frac{\partial(v_y\varphi c_i)}{\partial y} - \frac{\partial(v_z\varphi c_i)}{\partial z} \tag{4-52}$$

4.5 酸性气体-水-岩反应对储层物性的影响

流体与岩石之间的反应主要发生在孔隙和喉道,其岩石矿物颗粒的直径与面积决定了反应的程度,而溶解或者沉淀反应形成的产物会影响岩石物性的变化。

4.5.1 矿物颗粒半径变化

物质的量(n)与浓度(c)之间存在以下关系:

$$c = \frac{n}{V} \tag{4-53}$$

那么根据式(4-32)可知,有效半径为 r_θ 的矿物颗粒溶解而导致物质的量(n_θ)变化率为

$$\frac{\mathrm{d}n_\theta}{\mathrm{d}t} = A_\theta k_\theta = 4\pi r_\theta^2 k_\theta \tag{4-54}$$

又:

$$n_\theta = \frac{V_\theta}{\overline{V}_\theta} \tag{4-55}$$

式中, V_θ ——矿物 θ 的体积, m^3。

则体积变化率为

$$\frac{\mathrm{d}V_\theta}{\mathrm{d}t} = -4\pi r_\theta^2 k_\theta \overline{V}_\theta \tag{4-56}$$

假设矿物为半径 r_θ 的球型颗粒,则:

$$V_\theta = \frac{4}{3}\pi r_\theta^3 \tag{4-57}$$

对式(4-57)进行微分:

$$\frac{\mathrm{d}V_\theta}{\mathrm{d}t} = 4\pi r_\theta^2 \frac{\mathrm{d}r_\theta}{\mathrm{d}t} \tag{4-58}$$

联立式(4-56)和式(4-58)可得:

$$\frac{\mathrm{d}r_\theta}{\mathrm{d}t} = -k_\theta \overline{V}_\theta \tag{4-59}$$

为了简化模型,假设溶液的组分和反应体系的温度是常数,那么 k_θ 不发生变化,对式(4-59)进行积分可得到:

$$r_\theta = r_\theta^0 - k_\theta \overline{V}_\theta t \tag{4-60}$$

因此可得到颗粒完全溶解所需的时间:

$$t = \frac{r_\theta^0 - r_\theta}{k_\theta \overline{V}_\theta} \tag{4-61}$$

式中, $\overline{V}_\theta$ ——矿物 θ 的摩尔体积, $\mathrm{mol \cdot m^{-3}}$;

r_θ^0 ——矿物 θ 的初始半径, m。

由式(4-61)可知，颗粒初始半径越大，溶解所需的时间越长。

4.5.2　储层孔隙度变化

岩石孔隙空间主要是孔隙和喉道组成，通常将空间较大的称为孔隙，连通两颗粒间的狭窄部分称为喉道。碳酸盐岩的储集空间比砂岩复杂，后期会生成大量次生孔隙，加之裂缝的发育，使其具有岩性变化大、孔隙类型多、物性变化无规律等特点。

孔隙度是有效描述岩石储集能力大小的参数，是指岩石中孔隙体积 V_p 与岩石总体积 V_b 的比值。在酸性气藏中，酸性气体的存在会发生岩石矿物的溶解与沉淀，改变储层岩石矿物的含量以及孔隙结构，从而引起储层孔隙度的改变。

如果储层岩石孔隙度用岩石颗粒大小和单位体积内的颗粒数量(N_θ)来表示，则

$$\varphi = 1 - \sum_\theta \frac{4}{3} \pi r_\theta^3 N_\theta \tag{4-62}$$

那么一旦确定了矿物颗粒平均半径的变化速度，则孔隙度的变化速度也就能确定：

$$\frac{\mathrm{d}\varphi}{\mathrm{d}t} = -\sum_\theta 4\pi r_\theta^2 N_\theta \frac{\mathrm{d}r_\theta}{\mathrm{d}t} \tag{4-63}$$

即

$$\frac{\mathrm{d}\varphi}{\mathrm{d}t} = -\sum_\theta 4\pi r_\theta^2 N_\theta R_\theta \overline{V}_\theta \tag{4-64}$$

式(4-64)只在满足颗粒数为常数并不发生压缩的情况下适用。

假设溶解或沉淀的矿物的体积为 V_R，储层体积为 V，那么孔隙度的变化值为

$$\Delta\varphi = \frac{V_R}{V} \times 100\% \tag{4-65}$$

此时储层的孔隙度 φ' 为

$$\varphi' = \varphi - \Delta\varphi = \frac{V_\varphi - V_R}{V} \times 100\% \tag{4-66}$$

式中，　φ——原有孔隙度；

　　　　V_φ——原有孔隙体积，m^3；

　　　　N_θ——矿物颗粒数量。

4.5.3　储层渗透率变化

岩石的渗透性是表示在一定的压差下，允许流体(油、气、水)通过的性质，渗透性的大小用渗透率来表示。岩石的渗透率则直接影响到油、气井的产量。

储层岩石的渗透率主要受岩石结构的控制，而岩石结构又与沉积和成岩结构有关(储昭宏等，2006)。在酸性气藏中，流体与岩石之间的相互作用会改变岩石孔隙结构，对储层的孔隙度造成影响，进而改变其渗透率，因此碳酸盐岩储层渗透率的定量计算和预测是高效开发碳酸盐岩气田的重要依据。

通常储层渗透率的改变通过孔隙度的改变来计算，用幂律模型表示为

$$K = K_0 \left(\frac{\varphi'}{\varphi} \right)^m \tag{4-67}$$

该模型没有考虑颗粒大小、弯曲度及反应表面积的改变。

式(4-67)变形可得

$$\frac{K_0}{K} = \frac{1}{\left(\dfrac{\varphi'}{\varphi} \right)^m} \tag{4-68}$$

令

$$RF = \frac{1}{\left(\dfrac{\varphi'}{\varphi} \right)^m} \tag{4-69}$$

式(4-69)定义为固体沉积和矿物沉淀/溶解导致的孔隙度变化而引起的阻力系数。

Kozeny-Carman(KC)模型(Pope et al.，1996)则是在幂律模型的基础上进行了改进，可表示为

$$K = K_0 \left(\frac{\varphi'}{\varphi} \right)^m \left(\frac{1-\varphi}{1-\varphi'} \right)^2 \tag{4-70}$$

变形可得

$$\frac{K_0}{K} = \frac{1}{\left(\dfrac{\varphi'}{\varphi} \right)^m \left(\dfrac{1-\varphi}{1-\varphi'} \right)^2} \tag{4-71}$$

同样令

$$RF_{K-C} = \frac{1}{\left(\dfrac{\varphi'}{\varphi} \right)^m \left(\dfrac{1-\varphi}{1-\varphi'} \right)^2} \tag{4-72}$$

式(4-72)定义为 Kozeny-Carman 模型阻力系数，因此渗透率与阻力系数成反比。

通过以上模型可以在已知初始渗透率和阻力系数的条件下，计算出任意孔隙度对应的渗透率值。

$$K = K_0 \cdot RF \tag{4-73}$$

式(4-67)～式(4-73)中，K_0——初始渗透率，mD；

φ、φ'——初始孔隙度和发生水-岩反应后的孔隙度；

m——系数；

RF——幂律模型阻力因子；

RF_{K-C}——Kozeny-Carman 模型阻力因子。

通过对马永生等(2007)的实验数据拟合得到 m 值取 2.7。取初始孔隙度分别为 0.150 和 0.200，通过两种模型分别计算阻力因子。对两种不同方法(Kozeny-Carman 公式和幂律公式)的阻力系数进行比较，如图 4-12 所示。

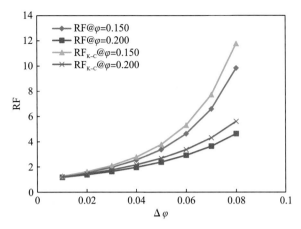

图 4-12　阻力因子变化图（m=2.7）

通过对实例的对比计算，发现使用 Kozeny-Carman 公式计算得到的阻力因子要大于幂律模型计算的阻力因子，那么 Kozeny-Carman 模型的渗透率小于幂律模型的渗透率，且初始孔隙度越小阻力因子越大，对渗透率的影响越大。

第5章 高含硫气藏水-岩反应实验

地层水进入储层后与酸性气体反应,从而具有酸的作用,对储层具有一定的改造作用。本次研究的目的就是探究在高温高压储层条件下酸性气体与岩石之间相互作用复杂机理和元坝气田优质储层的形成与 H_2S、CO_2 等酸性气体之间的关系,为今后其他高含硫气田勘探开发提供参考借鉴,以带来较高的经济效益。

目前,大多数相关实验研究是针对 CO_2 气体在常温常压条件下对砂岩的孔隙度渗透率的改造作用,很少研究 H_2S 或 H_2S 和 CO_2 混合酸性气体在高温高压储层条件下与碳酸盐岩的相互作用,我们所知的仅有马永生院士曾进行过相关研究:以川东飞仙关组为例,研究硫化氢对碳酸盐岩储层溶蚀的改造作用。实验结果如下:经过硫化氢的溶蚀后,储层的孔隙度、渗透率得到大幅度的提高,孔隙度平均增大 2%,渗透率增大幅度最大,平均提高将近两个数量级。但是该实验是在常温常压条件下将碳酸盐岩圆柱体放入含 H_2S 饱和的水溶液中,进行了为期 100 天的浸泡溶蚀实验,无法模拟高温高压的实际地层条件。

本次研究选取酸性气体 CO_2、H_2S 以及 5 块取自元坝气田且物性不同的岩心,借助西南石油大学油气藏地质及开发工程国家重点实验室高温高压反应釜、扫描电镜、微 CT 扫描、X 射线衍射仪、超低渗气体渗透率测量仪等开展不同尺度岩心实验,采用川东北元坝气田提供的实验岩心、根据现场实际配置水样和不同浓度的 CO_2、H_2S 气样,通过模拟地层高温高压条件下饱和 CO_2、H_2S 地层水驱过程中的超临界 CO_2、H_2S 与岩石的相互作用过程,研究超临界 CO_2、H_2S 流体-岩石作用前后孔隙结构、矿物组成、离子成分变化和转化以及岩石力学性质变化规律;采用 PDP-200 脉冲衰减法超低渗透岩心渗透率测量仪和自研自制水-岩反应气体渗透率一体化测试装置,研究作用前后孔隙度和渗透率的变化规律。

5.1 实 验 材 料

实验材料为元坝岩心(图 5-1),规格 ϕ 25mm×50mm,由本实验室加工,经 XRD 测试可知岩心主要矿物为白云石,含量超过 95%,且含有少量的方解石;液体介质为施工现场地层水(或者根据岩心样本实际地层水资料配制模拟地层水溶液)或超纯水,配制地层水的试剂用量见表 5-1。

图 5-1　元坝岩心实物图

表 5-1　配制地层水的试剂用量

试剂	用量/g
CaCl$_2$	74.2
MgCl$_2$.6H$_2$O	107.2
NaHCO$_3$	1.7
NaCl	16.9

实验所用的主要试剂有 H$_2$S、CO$_2$、CH$_4$ 等，见表 5-2。

表 5-2　主要实验试剂

名称	纯度	生产厂家
硫化氢气体	>99.99%	肇庆市高能达化工有限公司
二氧化碳气体	>99.99%	成都桥源化工有限公司
甲烷	>99.99%	成都桥源化工有限公司
氮气	>99.99%	成都桥源化工有限公司

5.2　实　验　设　备

　　本次实验利用高温高压转速动态反应釜对三块岩心在不同的实验条件下进行批次实验，主要实验设备包括西南石油大学"油气藏地质及开发工程"国家重点实验室高温高压高转速动态反应釜(美国 Parr 公司，最高温度 500℃、最高压力 5000psi[①]、容积 5.5L)、超低渗气体渗透率测量仪、多功能离子色谱仪(美国赛默飞世尔公司，ICS-5000，测量范围为 0~50000mg·L^{-1}，测量精度为 0.01mg·L^{-1})、X 射线衍射仪(荷兰帕纳科公司，X'Pert MPD PRO，测量范围为-3°~160°)和环境扫描电子显微镜(美国 FEI 公司，Quanta 450，放大倍数：6x~1000000x)。各实验仪器的精度足以满足实验测试的需要。实验装置图如图 5-2 所示。

---

① 1psi=6.89476×10^{3}Pa。

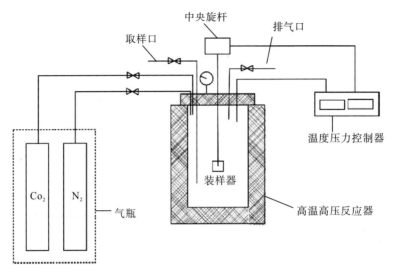

图 5-2　高温高压反应釜装置图

5.3　实　验　条　件

为了真实地反映地层中酸性气体与岩石之间的相互作用，将反应的温度分别设置为 125℃和 121℃，压力设置为 45MPa 和 11MPa，使 H_2S、CO_2 酸性气体处于超临界状态，在地层水或者超纯水中，酸性气体含量不同的条件下反应 72h，测定反应前后岩心孔隙度、渗透率变化情况，研究水-岩反应对储层渗透率的影响方式和影响程度。具体的反应条件如表 5-3 所示。

表 5-3　实际反应条件

釜次	岩样种类	反应温度/℃	反应时间/h	p_{H_2S}/MPa	p_{CO_2}/MPa	p_{N_2}/MPa	水样
1	元 224-1	125	72	2.5	2.5	45	地层水
2	元 224-2	125	72	0	1.1	9.9	超纯水
3	元坝 224-4	121	72	0	4.4	6.6	超纯水
4	元坝 27-1	121	72	0	1.2	10.8	地层水
5	元坝 27-2	121	72	2.25	0	42.75	地层水

5.4　实　验　步　骤

(1)岩样准备：将所需岩样加工成 ϕ25mm×50mm，将岩样在 60℃温度下干燥后，储存到干燥器中。取出岩心，用游标卡尺测量岩心的长度 L 和直径 d。

(2)测量岩样质量：使用分析天平称量反应前后干燥岩心的质量。

（3）测量岩样的孔渗：使用超低渗气体渗透率仪测试反应前后岩心孔隙度和渗透率。

（4）配制水样：根据现场所提供的地层水成分信息，按照表 5-1 的试剂用量配制水样 5L，保证试剂充分溶解。

（5）水样离子成分测试：待水样冷却至室温，取少量样品，使用多功能离子色谱仪测试水样中阳离子和阴离子含量。

（6）水样 pH 测试：另取适量样品使用台式 pH 计测试反应前后水样 pH。

（7）岩样浸泡：把准备好的水样（模拟地层水溶液或超纯水）装入高温高压反应釜内，将岩样固定在支架上，密封，岩样组件置于水样中并固定，接好管线。装釜后，关闭出气阀。通入 N_2 1h，以排出釜中的空气，然后通入 CO_2 使釜内气氛组成达到实验条件，达到实验设定的总压力之后，关闭进气阀门。开始升温，连接电脑数据线，开始采集实验数据，反应到预定时间后，切断电源。

（8）拆釜：取出岩样，进行干燥处理，储存于干燥器中待测试。取反应后的水样进行离子分析、pH 测试。

5.5　岩心质量变化

岩心在经过了长达 72h 高温高压反应后，必然会发生物质交换，根据沉淀溶解动力学可知，有些矿物发生溶解，而有些矿物发生沉淀，体系总是处于动态平衡的状态下。但在短时间内，这两个过程的速率不完全相等，故会发生溶解量大于沉淀量即反应前后岩心质量减小或溶解量小于沉淀量即反应前后岩心质量增大的情况。

从图 5-3 和表 5-4 我们可以清晰地看出反应前后岩心质量的变化情况，总体呈减少的趋势，说明在与酸性流体反应过程中岩心组分 $[CaMg(CO_3)_2]$ 与溶解于水中的酸性气体（H_2S 和 CO_2）反应而被溶蚀，且溶蚀的速率大于沉淀速率。

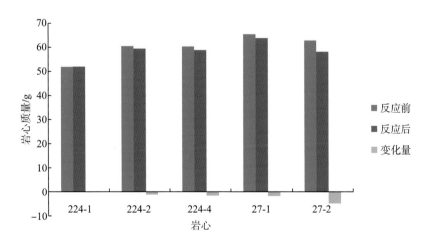

图 5-3　岩心质量变化图

表 5-4　反应前后岩心质量变化

岩心	水样	温度/℃	p_{H_2S}/MPa	p_{CO_2}/MPa	p_{N_2}/MPa	质量变化/g			
						反应前	反应后	改变量	改变率/%
224-1	地层水	125	2.5	2.5	45	51.8876	51.9862	0.0986	0.190
224-2	超纯水	125	0	1.1	9.9	60.4732	59.432	-1.0412	-1.722
224-4	超纯水	121	0	4.4	6.6	60.3253	58.855	-1.4703	-2.437
27-1	地层水	121	0	1.2	10.8	65.4108	63.8129	-1.5979	-2.443
27-2	地层水	121	2.25	0	42.75	62.824	58.1697	-4.6543	-7.408

5.6　岩心组分分析——XRD 测试

每种晶体物质都有各自独特的化学组成和晶体结构,它们的晶胞大小、质点种类及其在晶胞中的排列方式是不相同的。因此,每种晶体结构都有自己独特的 X 射线衍射图,即指纹特征。衍射谱的特征可以用各个衍射晶面间距 d 和衍射线的相对强度 $I / I1$ 来表征。X 射线物相分析法是根据晶体对 X 射线的衍射线的位置、强度及数量来鉴定晶体物相。本次研究对反应前后的岩心进行 XRD 分析,进而确定水-岩反应对岩心的结构和组成的影响,如图 5-4~图 5-13 所示。

对实验所用到的 5 块岩心反应前后均进行 XRD 全岩分析(表 5-5),可知岩心主要成分为白云石[$CaMg(CO_3)_2$],反应前后岩样的组成几乎没有发生大的变化。总体上来看,白云石含量减少,方解石含量有小幅度的增加,这是因为在相同温度和压力的地质条件下,白云石交方解石更容易溶蚀形成次生孔隙,同时 CO_2 在水中溶解并与钙离子结合必将产生方解石等碳酸盐沉淀,因此出现了白云石减少,方解石增加的现象。

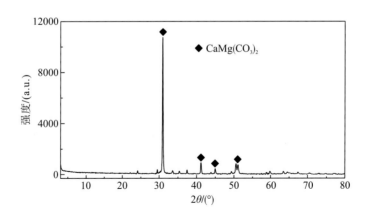

图 5-4　元 224-1 反应前的 XRD 谱图

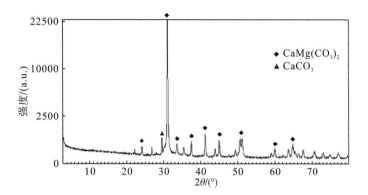

图 5-5　元 224-1 反应后的 XRD 谱图

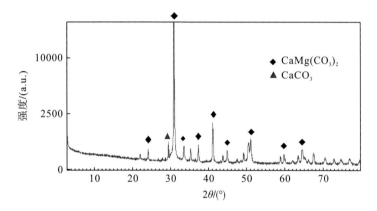

图 5-6　元 224-2 反应前的 XRD 谱图

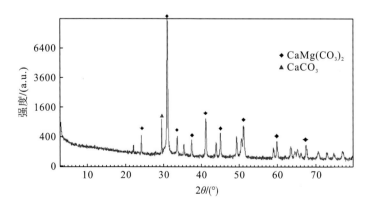

图 5-7　元 224-2 反应后的 XRD 谱图

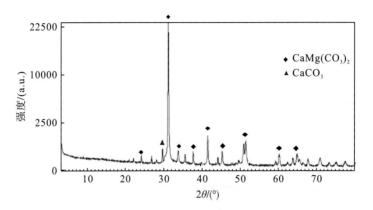

图 5-8 元 224-4 反应前的 XRD 谱图

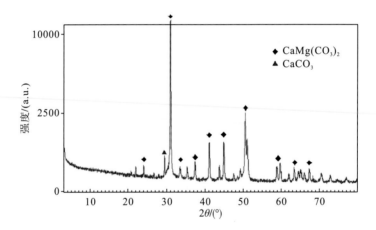

图 5-9　元 224-4 反应后的 XRD 谱图

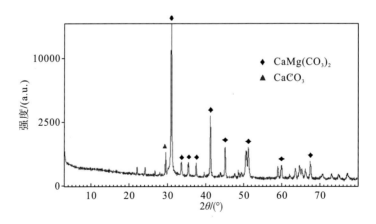

图 5-10　元 27-1 反应前的 XRD 谱图

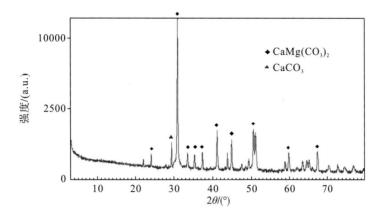

图 5-11　元 27-1 反应后的 XRD 谱图

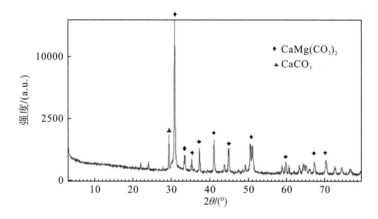

图 5-12　元 27-2 反应前的 XRD 谱图

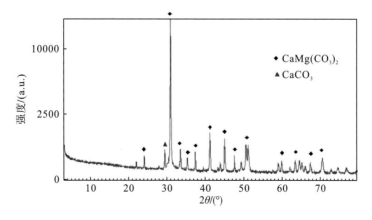

图 5-13　元 27-2 反应后的 XRD 谱图

表 5-5　全岩 X 衍射定量分析

样号	水样	温度/℃	p_{H_2S}/MPa	p_{CO_2}/MPa	p_{N_2}/MPa	石英/%	方解石/%	斜长石/%	钾长石/%	黏土矿物/%	白云石/%	菱铁矿/%	黄铁矿/%
元 224-1（前）	地层水	125	2.5	2.5	45	0	2.33	0.94	0	0	96.73	0	0
元 224-1（后）	地层水	125	2.5	2.5	45	0.21	1.83	0.28	0	0	97.67	0	0
元 224-2（前）	超纯水	125	0	1.1	9.9	0	2.4	0.38	0	0	97.12	0	0
元 224-2（后）	超纯水	125	0	1.1	9.9	0	3.85	0	0	0	96.15	0	0
元 224-4（前）	超纯水	121	0	4.4	6.6	0.2	1.24	0.52	0	0	98.04	0	0
元 224-4（后）	超纯水	121	0	4.4	6.6	0	2.71	0	0	0	97.29	0	0
元 27-1（前）	地层水	121	0	1.2	10.8	0	2.47	0	0	0	97.53	0	0
元 27-1（后）	地层水	121	0	1.2	10.8	0	3.28	0	0	0	96.72	0	0
元 27-2（前）	地层水	121	2.25	0	42.75	0	3.96	0	0	0	96.04	0	0
元 27-2（后）	地层水	121	2.25	0	42.75	0	2.34	0	0	0	97.66	0	0

5.7　岩心结构分析——电镜扫描测试

　　不同矿物在扫描电镜中会呈现出其特征的形貌，这是在扫描电镜中鉴定矿物的重要依据。不同的搬运介质、搬运形式以及不同的沉积环境常常会在矿物颗粒表面留下反映搬运和沉积的痕迹。因而矿物表面就会具有不同的形状及外貌特征。光学显微镜、差热、化学分析等传统分析方法往往无法将其加以识别。而配接有 X 射线的能谱仪的扫描电镜能直接观察到矿物变化过程中所发生的结构、形貌等微观现象的变化和形成的新矿物的特点，并且可以同时确定其化学元素组成及相对含量的变化，为研究矿物的变化提供了良好的途径。对反应前后岩心进行电镜扫描测试，结果如图 5-14 所示。

　　反应前，矿物表面上附着较多的微小矿物颗粒(a、b)，而从反应后的图片可以看出，矿物表面较反应前光滑，这是改善岩心渗透性的原因之一；且颗粒边缘(c)处明显被溶蚀，溶蚀程度较弱，与实验时间相对较短有关。

放大2000倍前　　　　　　　　　　　　　放大2000倍后

放大5000倍前   放大5000倍后

放大10000倍前   放大10000倍后

放大20000倍前   放大20000倍后

图 5-14   元 224-1 反应前后不同放大倍数电镜扫描结果

5.8   水样离子组分分析

使用多功能离子色谱仪测试反应前后水样离子的含量，测试结果如表 5-6 所示。

表 5-6　反应前后水样离子组分分析

样品名称	水样	温度/℃	p_{H_2S}/MPa	p_{CO_2}/MPa	p_{N_2}/MPa	pH	阳离子组分及含量/(mg·L⁻¹)				阴离子组分及含量/(mg·L⁻¹)			
							Na^+	K^+	Mg^{2+}	Ca^{2+}	F^-	Cl^-	Br^-	SO_4^{2-}
元 224-1(前)	地层水	125	2.5	2.5	45	5.75	10420	—	12633	40400	—	82450	—	261
元 224-1(后)	地层水	125	2.5	2.5	45	9.05	10920	—	13020	41492	—	81693	—	—
元 224-2(前)	超纯水	125	0	1.1	9.9	7.58	0.5	—	0.3	0.9	—	0.6	—	—
元 224-2(后)	超纯水	125	0	1.1	9.9	5.8	2.7	—	31.0	105.8	0.2	8.3	—	1.3
元 224-4(前)	超纯水	121	0	4.4	6.6	8.51	—	—	0.2	0.7	—	0.7	—	—
元 224-4(后)	超纯水	121	0	4.4	6.6	—	—	—	0.9	47.3	145.3	—	5.7	—	1.9
元 27-1(前)	地层水	121	0	1.2	10.8	6.67	137.4	107.1	0.6	3.7	—	198.0	—	3.9
元 27-1(后)	地层水	121	0	1.2	10.8	5.92	138.9	103.3	0.7	2.6	—	195.9	—	3.8
元 27-2(前)	地层水	121	2.25	0	42.75	6.59	127.057	99.907	0.449	1.900	—	193.179	—	3.789
元 27-2(后)	地层水	121	2.25	0	42.75	9.57	194.597	150.735	1.233	7.648	—	285.760	—	5.857

从表 5-6 可知，与反应前地层水相比较，反应后地层水中的 Mg^{2+}、Ca^{2+}、Cl^- 离子浓度都大幅度增大，是因为岩样中的方解石、斜长石和白云石在酸性溶液中溶解；而 pH 变化情况并不一致，因为水样中溶有大量的 CO_2，导致 pH 降低。

5.9　岩心孔隙度、渗透率变化

从反应前后渗透率、孔隙度变化(表 5-7、图 5-15、图 5-16)可以看出，渗透率呈上升趋势，变化量没有明显的规律，但明显可以看出元 27-1 和元 27-2 两块岩心渗透率变化较明显，且这两块岩心的初始渗透率远远大于其他三块岩心。因此渗透率的变化情况与岩样初始渗透率为正相关关系。这是因为岩心组分($CaMg(CO_3)_2$)与溶解于水中的酸性气体(CO_2、H_2S)反应，岩石溶解过程中蚓孔的产生，可以明显改善孔喉的连通性。反应前后孔隙度却有增有减，与渗透率并不是绝对的正相关关系。

表 5-7　反应前后渗透率、孔隙度变化

岩心	温度/℃	压力/MPa	渗透率				孔隙度变化			
			反应前/mD	反应后/mD	改变量/mD	改变率/%	反应前/%	反应后/%	改变量/%	改变率/%
元 224-1	125	45	0.0154	0.0128	(0.0026)	-16.88	2.27	0.31	-1.96	-86.34
元 224-2	125	11	0.0444	0.1700	0.1256	282.88	0.26	0.40	0.14	53.85
元 224-4	121	11	0.0410	0.1200	0.0790	192.68	3.54	1.78	-1.76	-49.72
元 27-1	121	11	0.2946	2.4350	2.1404	726.54	2.80	2.75	-0.05	-1.79
元 27-2	121	45	1.0380	9.7330	8.6950	837.67	4.52	6.41	1.89	41.81

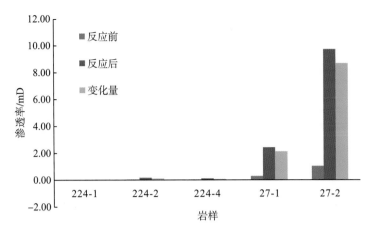

图 5-15 渗透率变化图

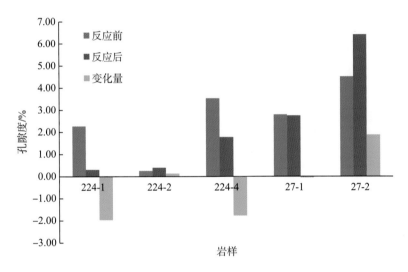

图 5-16 孔隙度变化图

第6章 水-岩反应和硫沉积对储层物性的影响

高含硫气藏开采过程中，随地层压力和温度不断下降，将会发生元素硫沉积，造成储层伤害。同时，由于储层压力下降，导致边、底水侵入气藏。边、底水与含 H_2S、CO_2 的天然气混合形成酸液，酸液与储层矿物发生反应，引起储层孔隙度与渗透率的变化。本章主要研究水-岩反应和硫沉积对储层物性的影响。

6.1 数学模型建立

6.1.1 模型假设条件

(1)溶液组分和反应体系温度不变；

(2)矿物颗粒为球形，数量为常数，且不会压缩；

(3)矿物种类只有方解石和白云石；

(4)流体流动为平面径向流动；

(5)元素硫在气藏流体中达到临界饱和状态；

(6)析出的元素硫不随气流漂移，只沉积在孔道中。

6.1.2 水-岩反应和硫沉积对储层物性的影响模型

根据第 4 章第 5 节的模型，水-岩反应引起的孔隙度 φ 变化为

$$\frac{\mathrm{d}\varphi}{\mathrm{d}t} = -\sum_{\theta} 4\pi r_{\theta}^{2} N_{\theta} R_{\theta} \overline{V}_{\theta} \tag{6-1}$$

式中，r_{θ}——球形矿物颗粒的半径 m；

N_{θ}——矿物颗粒数量；

R_{θ}——矿物反应速率，$\mathrm{mol \cdot kg^{-1} \cdot s^{-1}}$；

$\overline{V}_{\theta}$——矿物的摩尔体积，$\mathrm{mol \cdot m^{-3}}$；

则在 t 时间内，由水-岩反应引起的孔隙度变化量 $(\Delta\varphi)$ 为

$$\Delta\varphi = \varphi_0 - \left(-\sum_{\theta} 4\pi r_{\theta}^{2} N_{\theta} R_{\theta} \overline{V}_{\theta} \right) t \tag{6-2}$$

其中，矿物反应速率可以表示为

$$R_\theta = \frac{\mathrm{d}c_i}{\mathrm{d}t} = \frac{A_\theta}{\varphi_0} v_{\mathrm{H}^+} k_\theta \tag{6-3}$$

式中， A_θ ——矿物 θ 的表面积，m^2；

$\qquad v_{\mathrm{H}^+}$ ——溶解矿物 θ 所需 H^+ 的化学计量数；

$\qquad k_\theta$ ——矿物 θ 的反应速率常数，$\mathrm{mol \cdot kg^{-1} \cdot s^{-1}}$；

$\qquad \varphi_0$ ——水-岩反应前的地层孔隙度。

反应速率常数 k_θ 一般用下式来计算：

$$k_\theta = k_{25} \exp\left[\frac{-E_{a\theta}}{R}\left(\frac{1}{T} - \frac{1}{298.15}\right)\right] \tag{6-4}$$

式中， k_{25} ——矿物在 $25℃$ 时的反应速率常数，$\mathrm{mol \cdot kg^{-1} \cdot s^{-1}}$；

$\qquad E_{a\theta}$ ——反应活化能，$\mathrm{J \cdot mol^{-1}}$；

$\qquad R$ ——气体常数，$\mathrm{J \cdot mol^{-1} \cdot K^{-1}}$；

$\qquad T$ ——热力学温度，K。

已有学者对各种矿物在 $25℃$ 条件下的反应速率常数进行了研究总结，$E_{a\theta}$ 可以通过实验数据测得。

式 (6-4) 中 $r_\theta^2 N_\theta$ 项可以通过软件模拟得到。设定所需的实例条件，得到孔隙度变化曲线，在温度一定的情况下，已知矿物反应速率，则可以求出 $r_\theta^2 N_\theta$ 项。

令 $C = \sum_\theta 4\pi r_\theta^2 N_\theta R_\theta \overline{V}_\theta$，则等式 (6-2) 可以写成：

$$\varphi = \varphi_0 + Ct \tag{6-5}$$

对于平面径向流，含硫饱和度 (S_s) 和孔隙度之间的关系如下：

$$S_\mathrm{s} = 1 - \frac{\varphi}{\varphi_0} \tag{6-6}$$

由硫沉积引起的孔隙度变化为

$$\Delta\varphi = \varphi_i - \frac{\varphi_i}{n} \ln(nBpt + 1) \tag{6-7}$$

要综合考虑水-岩反应和硫沉积对地层的影响，可以在等式 (6-7) 的基础上，引入水-岩反应造成的孔隙度变化：

$$\Delta\varphi = \varphi_i - \frac{\varphi_i}{n} \ln(nBpt + 1) + Ct \tag{6-8}$$

其中，

$$B = 1.69 \times 10^{-12} \frac{\mu_\mathrm{g} q_\mathrm{g}^2 M_a^4 \gamma_\mathrm{g}^4}{r^2 h^2 Z^2 T^2 \varphi_i K_i} \exp(-4666/T - 4.5711) \tag{6-9}$$

则等式 (6-8) 就是水-岩反应和硫沉积对地层孔隙度的影响关系式。

6.1.3　模型中的参数处理

关于高含硫气体的物性参数，目前的研究已经较为成熟，国内外学者都有提出相关的计算方法，本书选择了计算误差最小的一种。对于酸性气体的偏差系数，用 DPR 方法来计算，采用 Wichert-Aziz(WA)校正，公式如(6-10)所示。

$$Z = 1 + \left(A_1 + \frac{A_2}{T_{pr}} + \frac{A_3}{T_{pr}^3} \right)\rho_{pr} + \left(A_4 + \frac{A_5}{T_{pr}} \right)\rho_{pr}^2 + \frac{A_5 A_6}{T_{pr}}\rho_{pr}^5$$
$$+ \frac{A_7}{T_{pr}^3}\left(1 + A_8 \rho_{pr}^2\right)\rho_{pr}^2 \exp\left(-A_8 \rho_{pr}^2\right) \tag{6-10}$$

式中，ρ_{pr}——拟对比密度，$\rho_{pr} = 0.27\left(\dfrac{p_{pr}}{ZT_{pr}}\right)$；

$\quad\quad p_{pr}$——拟对比压力，$p_{pr} = \dfrac{p}{p_{pc}}$；

$\quad\quad T_{pr}$——拟对比温度，$T_{pr} = \dfrac{T}{T_{pc}}$。

常数 $A_1 \sim A_8$ 见表 6-1。

表 6-1　模型中的常数

参数	A_1	A_2	A_3	A_4	A_5	A_6	A_7	A_8
取值	0.315 062 37	−1.046 709 9	−0.578 327 29	0.535 307 71	−0.612 320 32	−0.104 888 13	0.681 570 01	0.684 465 49

对酸性天然气的校正，主要考虑一些常见的极性分子(H_2S、CO_2)的影响。1972 年，Wichert-Aziz 提出了校正参数 ε 的概念，用其来解决传统计算方法所存在的缺陷。校正参数 ε 的计算方法如下：

$$\varepsilon = 15\left(M - M^2\right) + 4.167\left(N^{0.5} - N^2\right) \tag{6-11}$$

式中，ε——校正参数；

$\quad\quad M$——H_2S 与 CO_2 占混合气体的摩尔分数之和；

$\quad\quad N$——混合气体中 H_2S 的摩尔分数。

Wichert-Aziz 认为，应该对混合气体中的每一种组分进行校正。校正项为临界温度和临界压力，校正方法如下所示：

$$T_{ci}' = T_{ci} - \varepsilon \tag{6-12}$$
$$p_{ci}' = p_{ci} T_{ci}' / T_{ci} \tag{6-13}$$

式中，p_{ci}——i 组分的临界压力，kPa；

$\quad\quad T_{ci}'$——i 组分的校正临界温度，K；

$\quad\quad T_{ci}$——i 组分的临界温度，K；

$\quad\quad p_{ci}'$——i 组分的校正临界压力，kPa。

在压力的适用范围内，也需要对温度进行修正，温度的校正方法如下：

$$T' = T + 1.94\left(\frac{p}{2760} - 2.1 \times 10^{-8} p^2 \right) \tag{6-14}$$

式中，T'——校正后的温度，K。

因为存在 H_2S、CO_2 等非烃气体，高含硫天然气的黏度要高于常规天然气的黏度。计算方法也有别于常规天然气黏度计算方法，为了使黏度的计算更加准确，有必要对其进行非烃校正。对气体黏度的计算采用 Dempsey 模型，同时进行非烃校正。Dempsey 对 Carr 等做出的黏度图版进行拟合，得出了气体黏度的计算公式：

$$\mu = \mu_{g1} \exp\left[\ln\left(\frac{\mu_g}{\mu_{g1}} T_{pr} \right) \right] / T_{pr} \tag{6-15}$$

$$\mu_1 = \left(1.709 \times 10^{-5} - 2.062 \times 10^{-6} \gamma_g\right)\left(1.8T + 32\right) + 8.188 \times 10^{-3} - 6.15 \times 10^{-3} \log \gamma_g \tag{6-16}$$

$$\begin{aligned}
\ln\left(\frac{\mu_g T_{pr}}{\mu_{g1}} \right) &= A_0 + A_1 p_{pr} + A_2 p_{pr}^2 + A_3 p_{pr}^3 + T_{pr}\left(A_4 + A_5 p_{pr} + A_6 p_{pr}^2 + A_7 p_{pr}^3 \right) \\
&\quad + T_{pr}^2\left(A_8 + A_9 p_{pr} + A_{10} P_{pr}^2 + A_{11} p_{pr}^3 \right) + T_{pr}^3\left(A_{12} + A_{13} p_{pr} + A_{14} p_{pr}^2 + A_{15} p_{pr}^3 \right)
\end{aligned} \tag{6-17}$$

式中，μ_{g1}——在大气压力和任意温度下天然气的黏度，$mPa \cdot s$；

μ_g——温度为 T，压力为 p 时天然气的黏度，$mPa \cdot s$；

T——任意温度，℃。

常数 $A_0 \sim A_{15}$ 见表 6-2。

表 6-2　模型中的常数

参数	A_0	A_1	A_2	A_3
取值	−2.462 118 21	2.970 547 15	−0.286 264 053	0.008 054 205 1
参数	A_4	A_5	A_6	A_7
取值	2.808 609 48	−3.498 033 04	0.360 373 01	−0.010 443 23
参数	A_8	A_9	A_{10}	A_{11}
取值	−0.793 385 67	1.396 433 07	−0.149 144 8	0.004 410 17
参数	A_{12}	A_{13}	A_{14}	A_{15}
取值	0.083 938 71	−0.186 408 8	0.020 336 78	−0.000 609 5

6.2　水-岩反应和硫沉积对地层孔隙度的影响

储层岩石的孔隙性决定其储集性能。根据水-岩反应和硫沉积共同作用对地层孔隙度的影响关系式(6-8)，下面以平面径向流的硫沉积模型为基础进行模拟计算。

气藏基本参数：气藏温度为 115℃，气藏原始压力为 50MPa，气藏半径为 1000m，储层厚度为 12m，初始孔隙度为 0.09，绝对渗透率为 1mD。流体组分如下：H_2S 摩尔分数为 13.2%，CO_2 摩尔分数为 5%，N_2 摩尔分数为 2.3%，C_1 摩尔分数为 79.1%，C_2 摩尔分数为 0.3%，C_3 摩尔分数为 0.1%。

在流压 40MPa，配产 $30\times10^4m^3\cdot d^{-1}$ 时，在距离井筒 0.5m 处，水-岩反应、硫沉积作用以及它们共同作用下孔隙度变化如图 6-1 所示。

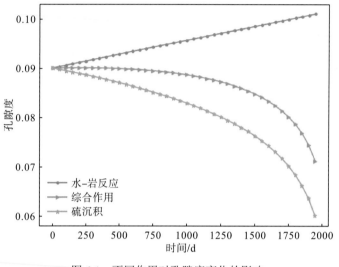

图 6-1　不同作用对孔隙度变化的影响

由图 6-1 可知，水-岩反应作用导致储层孔隙度增加，元素硫沉积作用引起储层孔隙度减小。两者综合作用总体上导致储层孔隙度减小。

根据水-岩反应和硫沉积共同作用对储层孔隙度的影响关系式(6-8)，采用 Phython 编程，在定产 $30\times10^4m^3\cdot d^{-1}$ 条件下，模拟计算不同压力对储层孔隙度的影响，总体上随压力增加储层孔隙度下降。当压力为 30MPa 时，储层孔隙度呈现先增大后减小的趋势。

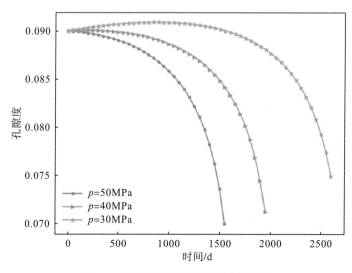

图 6-2　不同压力下的孔隙度变化规律

同理，根据水-岩反应和硫沉积共同作用对储层孔隙度的影响关系式(6-8)，在压力为 40MPa 条件下，模拟计算不同产量对储层孔隙度的影响，如图 6-3 所示，当配产较大时 ($30\times10^4 m^3 \cdot d^{-1}$，$40\times10^4 m^3 \cdot d^{-1}$)，总体上产量越大储层孔隙度下降越明显。当配产较低时 ($20\times10^4 m^3 \cdot d^{-1}$)水-岩反应作用强于硫沉积作用，因此储层孔隙度呈现先增大后减小的变化趋势。

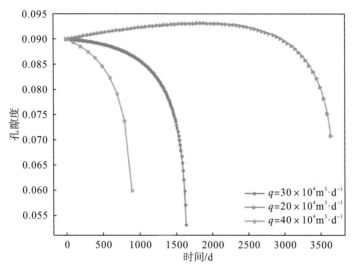

图 6-3 不同产量下的孔隙度变化规律

此外，模拟计算了不同径向距离处的孔隙度变化情况，如图 6-4 所示。由图可知，越靠近近井地带(r=0.2m 和 r=0.5m)，硫沉积作用越显著，储层孔隙度下降明显；当距离井筒较远时(r=1m)，硫沉积作用比较小，水-岩反应作用比较强烈，储层孔隙度呈现随模拟时间增加先增加后减小的趋势。

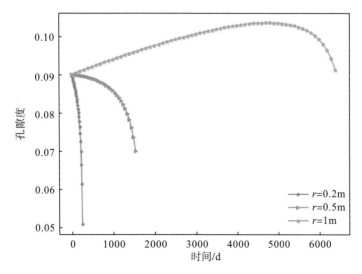

图 6-4 不同径向距离处孔隙度的变化曲线

6.3 水-岩反应和硫沉积对储层渗透率的影响

储层孔隙度的变化会引起渗透率的变化，根据 Civan(2019)的研究，孔隙度和渗透率有以下关系：

$$\frac{K}{K_i} = \left(\frac{\varphi}{\varphi_i}\right)^3 \qquad (6\text{-}19)$$

式中，K——水-岩反应和硫沉积共同影响下的瞬时气体渗透率；

K_i——地层初始气体渗透率。

将式(6-18)代入式(6-19)得到渗透率 K 与时间 t 的关系式，如下：

$$K = K_i\left[1 - \frac{1}{n}\ln\left(nBpt+1\right) + \frac{Ct}{\varphi_i}\right]^3 \qquad (6\text{-}20)$$

同样采用 6.2 节气藏数据进行计算。根据式(6-20)，采用 Phython 编程，在流压 40MPa，配产 $30\times10^4\text{m}^3/\text{d}$ 时，在距离井筒 0.5m 处，模拟计算水-岩反应作用、硫沉积作用及其综合作用对储层渗透率的影响，如图 6-5 所示。

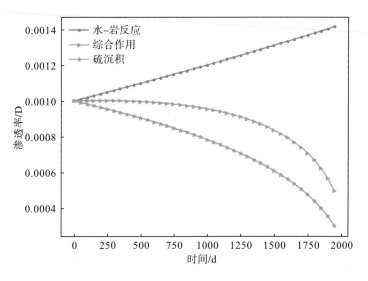

图 6-5 渗透率变化曲线

由图 6-5 可知，水-岩反应能溶解矿物，导致储层渗透率增大，硫沉积作用减少孔隙空间引起储层渗透率降低。在距离井筒 0.5m 处，硫沉积作用较为显著，水-岩反应作用程度较小，因此综合作用导致储层渗透率下降。

根据式(6-20)进行编程，在产量 $30\times10^4\text{m}^3\cdot\text{d}^{-1}$ 条件下，模拟计算不同压力对储层渗透率的影响，如图 6-6 所示。由图可见，压力越大储层渗透率变化越明显。当储层压力为 30MPa 时，储层渗透率先增大后减小。

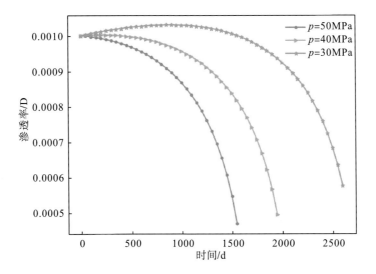

图 6-6　不同压力下的渗透率变化情况

同理，根据式(6-20)进行编程，在储层压力为 40MPa 条件下，模拟计算不同产量 $(20\times10^4 m^3\cdot d^{-1}、30\times10^4 m^3\cdot d^{-1}、40\times10^4 m^3\cdot d^{-1})$ 对储层渗透率的影响，如图 6-7 所示。由图可见，在渗透率下降阶段，产量越大硫沉积作用越强，进而导致储层渗透率下降越明显。

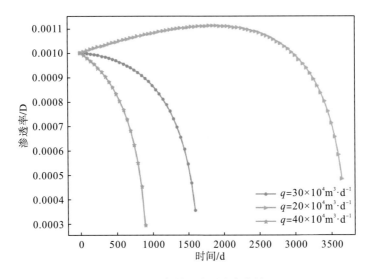

图 6-7　不同产量下渗透率变化情况

同理，根据式(6-20)进行编程，模拟计算不同径向距离处的渗透率变化，如图 6-8 所示。可以看出，距离井筒较远时(r=1m)，储层渗透率先增大后减小；靠近近井地带(r=0.2m 和 r=0.5m)，硫沉积较为严重，储层渗透率呈现单值减小趋势。

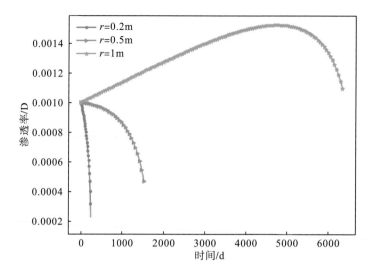

图 6-8　不同径向距离处渗透率的变化曲线

第7章　高含硫气藏气固耦合渗流数值模拟

7.1　气固耦合综合数学模型建立

7.1.1　综合数学模型基本假设条件

高含硫气藏的渗流特征和相态变化特征具有复杂性，很多研究（硫微粒的运移、沉积等）在实验中也很难进行。为了简化研究，对研究对象作一定的假设。

(1) 假设地层温度恒定，即高含硫气藏的开发是一个恒温过程；

(2) 含硫天然气初始饱和溶解元素硫，包括物理溶解和化学溶解两类；

(3) 忽略由化学溶解析出的硫所引起的硫化氢含量的增加；

(4) 元素硫在天然气中的溶解主要受压力和温度影响；

(5) 气相中除含有烃类组分外，还有较高含量的硫化氢组分和元素硫组分；

(6) 假设地层温度低于元素硫的凝固点，即析出的元素硫为固态微粒；

(7) 只考虑高含硫气体和固态硫微粒两相，不考虑水相的影响；

(8) 气流流动符合达西定律；

(9) 忽略重力和毛管力的影响；

(10) 岩石微可压缩；

(11) 气流中析出的颗粒较小，小于孔喉，能在孔隙中流动；

(12) 析出并悬浮在气流中的硫微粒满足连续介质假设；

(13) 忽略硫微粒间的碰撞和聚集；

(14) 忽略硫微粒与孔隙壁面的碰撞，假设微粒与壁面的吸附瞬间即达到平衡；

(15) 硫微粒密度不发生变化。

7.1.2　基本微分方程组

根据连续性方程、状态方程、运动方程，以及气-固动力学原理和空气动力学气固运移沉积理论，建立了高含硫气藏气固耦合综合数学模型，其基本微分方程组如下。

裂缝系统：

$$
\begin{cases}
\nabla \cdot \left(\dfrac{\rho_g k_f}{\mu_g} \nabla p \right) + \Gamma_{gmf} = \dfrac{\partial(\varphi S_{gf} \rho_g)}{\partial t} + q_{gf} \\[3mm]
\nabla \cdot \left(\dfrac{k_f}{\mu_g} \nabla p \right) + \nabla \cdot (u_s) + \dfrac{\Gamma_{smf}}{\rho_s} = \dfrac{\partial}{\partial t}(S_{gf} C_s + C_s' S_{gf} + S_{sf})\varphi_f + \dfrac{q_{sf}}{\rho_s} \quad (m = 1,2,3,\cdots) \\[3mm]
\nabla \left[\dfrac{k_f \rho_g Z_{gf}^m}{\mu_g} \nabla p \right] + \Gamma_{gmf} Z_{gf}^m = \dfrac{\partial[\varphi(S_g \rho_g Z_g^m)]}{\partial t} + q_{gf} Z_{gf}^m
\end{cases}
\quad (7\text{-}1)
$$

基质系统：

$$
\begin{cases}
\nabla \left(\dfrac{\rho_g k_m}{\mu_g} \nabla p \right) - \Gamma_{gmf} = \dfrac{\partial(\varphi S_{gm} \rho_g)}{\partial t} \\[3mm]
\nabla \left(\dfrac{k_m}{\mu_g} \nabla p \right) + \nabla(u_s) - \dfrac{\Gamma_{smf}}{\rho_s} = \dfrac{\partial}{\partial t}(S_{gm} C_s + C_s' S_{gm} + S_{sm})\varphi_m \quad (m = 1,2,3,\cdots) \\[3mm]
\nabla \left[\dfrac{k_m \rho_g Z_{gm}^m}{\mu_g} \nabla p \right] - \Gamma_{gmf} Z_{gm}^m = \dfrac{\partial[\varphi(S_g \rho_g Z_{gm}^m)]}{\partial t}
\end{cases}
\quad (7\text{-}2)
$$

式中，　φ_m——基质孔隙度；

　　　　φ_f——裂缝孔隙度；

　　　　K_f——裂缝渗透率，mD；

　　　　K_m——基质渗透率，mD；

　　　　q_{gf}——源汇项；

　　　　Γ_{gmf}——交换项；

　　　　ρ_g——气体密度，$kg \cdot m^{-3}$；

　　　　μ_g——气体黏度，$mPa \cdot s$；

　　　　ρ_s——液硫密度，$kg \cdot m^{-3}$；

　　　　S_{gf}——裂缝系统气相饱和度；

　　　　S_{gm}——基质系统气相饱和度；

　　　　S_{sf}——裂缝系统含硫饱和度；

　　　　S_{sm}——基质系统含硫饱和度；

　　　　C_s——溶解在气相中的硫微粒浓度，$g \cdot m^{-3}$；

　　　　C_s'——悬浮在气相中的硫微粒浓度，$g \cdot m^{-3}$；

　　　　u_s——微粒运移速度，$m \cdot s^{-1}$；

其中第一个方程为气相的连续性方程，第二个方程为元素硫的连续性方程，第三个方程为非硫组分连续性方程。

7.1.3　模型辅助方程

设高含硫天然气中除元素硫以外有 n 个组分，则上述方程中含有 $n+12$ 个未知数。若要求解这些未知数，则需要 $n+12$ 个方程。上述已经有了 $n+8$ 个方程，因此还需要 4 个辅助方程。这些辅助方程补充如下。

饱和度关系：

$$S_g + S_s = 1 \tag{7-3}$$

气相组成关系：

$$\sum_{m=1}^{n} Z_g^m = 1 \tag{7-4}$$

天然气密度：

$$\rho_g = \rho_g[p, T, Z_i] \quad (i = 1, \cdots, n+1) \tag{7-5}$$

天然气黏度：

$$\mu_g = \mu_g[p, T, Z_i] \quad (i = 1, \cdots, n+1) \tag{7-6}$$

7.1.4　边界条件和初始条件

模型建立后，要求得模型的唯一解，还需要一定的定解条件，即模型的边界条件和初始条件。油气藏数学模型的边界条件分为外边界条件和内边界条件两种。

1.外边界条件

常见的外边界条件有：定压边界、定流量边界和封闭边界等。

1）定压边界

定压边界是指在边界（G）处的压力为一定值，其数学表达式为

$$p|_G = \text{const.} \tag{7-7}$$

2）定流量边界

定流量边界是指在边界（G）处保持有一恒定的流量通过，数学表达式为

$$\frac{\partial p}{\partial n}\Big|_G = q_{\text{const}} \tag{7-8}$$

3）封闭边界

封闭边界是指在边界（G）处的流量为 0，其数学表达式为

$$\frac{\partial p}{\partial n}\Big|_G = 0 \tag{7-9}$$

2.内边界条件

从井的工作制度出发，内边界条件主要分为定流量和定压力两类。

1）定流量条件

定流量条件是指生产井在模拟过程中的产量是已知的定量。其数学表达式为

$$q\big|_{\text{well}} = q \tag{7-10}$$

2）定压力条件

定压力条件是指生产井在模拟过程中井底压力是已知的定值。其数学表达式为

$$p\big|_{\text{well}} = p_{\text{wf}} \tag{7-11}$$

3.初始条件

在边界条件确定后，还要从时间上确定油气藏在模拟初始时刻的压力和流体分布等状态。对于研究的高含硫气藏，假设模型在初始时刻处于静平衡状态，即各处的压力均相等，其表达式为

$$p(X,Y,Z)\big|_{t=0} = p_i \tag{7-12}$$

流体主要以气相为主，初始时刻没有硫沉积产生，即

$$S_s = 0, S_g = 1 \tag{7-13}$$

7.1.5 元素硫析出及硫微粒运移沉积模型

1.元素硫析出模型

元素硫的析出过程是元素硫在酸性气体中过饱和溶解的过程，即当元素硫的含量超过了一定温度和压力下硫在酸气中的溶解度后就将析出。因此元素硫的析出可以用硫在酸气中的溶解度变化来表示。假设元素硫在初始状态下已饱和溶解在高含硫气体中，那么一定温度和压力下元素硫的溶解度可表示如下：

$$R_s = \rho^k e^{\frac{A}{T}+B} \tag{7-14}$$

对气体，式(7-14)中的密度与压力的变化关系比较密切，因此式中的密度变化能反映压力对元素硫在气体中溶解能力的影响。

设单元体内天然气在 t_1 时刻的元素硫溶解度为 $R_{s,1}$，密度为 $\rho_{g,1}$；在 t_2 时刻元素硫的溶解度为 $R_{s,2}$，密度为 $\rho_{g,2}$。并假设从 $t_1 \sim t_2$ 时间段内单元体内温度不发生变化，则在该时间段内元素硫的析出量 (ΔM_{rs}) 可表示为

$$\Delta M_{rs} = \Delta x \Delta y \Delta z \varphi S_g (R_{s,1} - R_{s,2}) \tag{7-15}$$

将式(7-13)代入式(7-14)整理可得元素硫的析出模型为

$$\Delta M_{rs} = V_p \varphi S_g (\rho_{g,1}^k - \rho_{g,2}^k) e^{\frac{A}{T}+B} \tag{7-16}$$

式中，A、B——计算参数；

$\quad\quad V_p$——单元体的体积，m^3；

$\quad\quad S_g$——气体中的含硫量。

2. 硫微粒在气流中的运移速度计算模型

由于忽略硫微粒在气流中可能发生的碰撞，因此可以假设在同一单元体中的硫微粒具有相同的速度。在这里采用颗粒动力学方法来计算颗粒在气流中的运移速度：

$$u_s = \sqrt{\frac{b}{a}} \left[\frac{1 + e^{4t\sqrt{ab}}}{1 - e^{4t\sqrt{ab}}} + 2\sqrt{\left(\frac{1 + e^{4t\sqrt{ab}}}{1 - e^{4t\sqrt{ab}}} \right)^2 - 1} \right] \tag{7-17}$$

其中，$a = \dfrac{\rho C_D \pi r_p^2}{2 m_p}$，$b = \dfrac{V_p \alpha_P}{m_p \alpha_x}$。

式中，ρ——气固混合物密度，$kg \cdot m^{-3}$；

$\quad\quad C_D$——阻力系数；

$\quad\quad r_p$——微粒直径，m；

$\quad\quad V_p$——孔隙体积，m^3；

$\quad\quad m_p$——微粒质量，kg。

3. 硫微粒沉降模型

硫微粒在气流中的沉降，采用气流携带微粒的临界速度来判断，气流携带颗粒的临界流速模型为

$$u_{g,s} = \sqrt[3]{\frac{mDu_{mg}}{\phi(\lambda_g + \lambda_m m\phi)}} \tag{7-18}$$

式中，m——微粒质量，kg；

$\quad\quad D$——管道直径，m；

$\quad\quad \mu_{mg}$——气固混合物速度，$m \cdot s^{-1}$；

$\quad\quad \phi$——微粒形状系数；

$\quad\quad \lambda_g$——气体摩擦系数；

$\quad\quad \lambda_m$——固相颗粒间的摩擦系数。

其沉降判断准则：$\mu_g \geqslant \mu_{g,s}$，颗粒就悬浮运移；$\mu_g < \mu_{g,s}$，颗粒就沉降在孔隙中。

4. 元素硫的吸附模型

元素硫的吸附模型采用 Ali-islam 根据表面剩余理论建立的吸附模型，表达式如下：

$$n_s' = \frac{m_s x_s S}{S x_s + (m_s / m_g) x_g} \tag{7-19}$$

式中，$S = \dfrac{x_s'/x_g'}{x_s/x_g}$；

n_s'——颗粒吸附量，$mg \cdot g^{-1}$；

x_s——硫微粒在连续相中的质量分数；

x_g——气相组分在连续相中的质量分数；

x_s'——硫微粒在吸附相中的质量分数；

x_g'——气相组分在吸附相中的质量分数；

m_s——硫微粒在吸附单层中的量，$mg \cdot g^{-1}$；

m_g——气体在吸附单层中的量，$mg \cdot g^{-1}$。

5.地层伤害模型

硫沉积对地层的伤害可分为对孔隙度的影响和对渗透率的影响两类。

1)孔隙度伤害模型

假设地层孔隙中沉积硫体积不随压力的变化而变化，孔隙度伤害模型为

$$\varphi = \varphi_0 - \Delta\varphi = \varphi_0 - \frac{V_s}{V} \times 100\% \tag{7-20}$$

式中，φ_0——岩石的初始孔隙度。

2)渗透率伤害模型

描述沉积对地层渗透率的伤害主要有实验公式法和机理模型法两种。模型的具体形式如下：

$$k = f_p k_{p0} e^{-\alpha\varepsilon_p^m} + f_{np} k_{np_0} (1 + b\varepsilon_{np}) \tag{7-21}$$

7.2 数 值 模 型

7.2.1 差分方程的建立

用气固动力学的连续性方程描述硫微粒在天然气中的运移，则其基本微分方程组为式(7-1)和式(7-2)，对连续性方程进行差分得到：

裂缝系统气相的差分方程：

$$
\begin{aligned}
&F_{j+\frac{1}{2}}(\rho_g\lambda_{gf})_{j+\frac{1}{2}}(p_{j+1}^{n+1}-p_j^{n+1}) + F_{j-\frac{1}{2}}(\rho_g\lambda_{gf})_{j-\frac{1}{2}}(p_{j-1}^{n+1}-p_j^{n+1}) + F_{k+\frac{1}{2}}(\rho_g\lambda_{gf})_{k+\frac{1}{2}}(p_{k+1}^{n+1}-p_k^{n+1}) \\
&+F_{k-\frac{1}{2}}(\rho_g\lambda_{gf})_{k-\frac{1}{2}}(p_{k-1}^{n+1}-p_k^{n+1}) + V_b(\Gamma_{gmf})_{i,j,k}F_{i+\frac{1}{2}}(\rho_g\lambda_{gf})_{i+\frac{1}{2}}(p_{i+1}^{n+1}-p_i^{n+1}) \\
&+F_{i-\frac{1}{2}}(\rho_g\lambda_{gf})_{i-\frac{1}{2}}(p_{i-1}^{n+1}-p_i^{n+1}) + (\Gamma_{gmf})_{i,j,k} + (q_{gf})_{i,j,k} = V_b\left[\frac{(\varphi_f S_{gf}\rho_g)^{n+1}-(\varphi_f S_{gf}\rho_g)^n}{\Delta t} + q_{gf}\right]
\end{aligned}
\tag{7-22}
$$

裂缝系统元素硫的差分方程：

$$F_{i+\frac{1}{2}}(\lambda_{gf})_{i+\frac{1}{2}}(p_{i+1}^{n+1} - p_i^{n+1}) + F_{i-\frac{1}{2}}(\lambda_{gf})_{i-\frac{1}{2}}(p_{i-1}^{n+1} - p_i^{n+1}) + F_{j+\frac{1}{2}}(\lambda_{gf})_{j+\frac{1}{2}}(p_{j+1}^{n+1} - p_j^{n+1})$$

$$+ F_{j-\frac{1}{2}}(\lambda_{gf})_{j-\frac{1}{2}}(p_{j-1}^{n+1} - p_j^{n+1}) + F_{k+\frac{1}{2}}(\lambda_{gf})_{k+\frac{1}{2}}(p_{k+1}^{n+1} - p_k^{n+1}) + F_{k-\frac{1}{2}}(\lambda_{gf})_{k-\frac{1}{2}}(p_{k-1}^{n+1} - p_k^{n+1})$$

$$+ f_i(u_{s,i+1}^{n+1} - u_{s,i}^{n+1}) + f_j(u_{s,j+1}^{n+1} - u_{s,j}^{n+1}) + f_k(u_{s,k+1}^{n+1} - u_{s,k}^{n+1}) + V_b \frac{(\Gamma_{smf})_{i,j,k}}{\rho_s} \tag{7-23}$$

$$= V_b \left\{ \frac{[(S_{gf}C_s + C_s'S_{gf} + S_s)\varphi_f]^{n+1} - [(S_{gf}C_s + C_s'S_{gf} + S_s)\varphi_f]^n}{\Delta t} + \frac{q_{sf}}{\rho_s} \right\}$$

裂缝系统非硫组分差分方程：

$$F_{i+\frac{1}{2}}(\lambda_{gf}\rho_g Z_{gf}^m)_{i+\frac{1}{2}}(p_{i+1}^{n+1} - p_i^{n+1}) + F_{i-\frac{1}{2}}(\lambda_{gf}\rho_g Z_{gf}^m)_{i-\frac{1}{2}}(p_{i-1}^{n+1} - p_i^{n+1})$$

$$+ F_{j+\frac{1}{2}}(\lambda_{gf}\rho_g Z_{gf}^m)_{j+\frac{1}{2}}(p_{j+1}^{n+1} - p_j^{n+1}) + F_{j-\frac{1}{2}}(\lambda_{gf}\rho_g Z_{gf}^m)_{j-\frac{1}{2}}(p_{j-1}^{n+1} - p_j^{n+1})$$

$$+ F_{k+\frac{1}{2}}(\lambda_{gf}\rho_g Z_{gf}^m)_{k+\frac{1}{2}}(p_{k+1}^{n+1} - p_k^{n+1}) + F_{k-\frac{1}{2}}(\lambda_{gf}\rho_g Z_{gf}^m)_{k-\frac{1}{2}}(p_{k-1}^{n+1} - p_k^{n+1}) + V_b(\Gamma_{gmf})_{i,j,k}Z_{gf}^m \tag{7-24}$$

$$= V_b \left[\frac{(\varphi_f S_{gf}\rho_g Z_g^m)^{n+1} - (\varphi_f S_{gf}\rho_g Z_g^m)^n}{\Delta t} + q_{gf}Z_g^m \right]$$

其中，几何因子为

$$F_{i+\frac{1}{2}} = \frac{\Delta y_j \Delta z_k}{\Delta x_{i+\frac{1}{2}}}; \quad F_{i-\frac{1}{2}} = \frac{\Delta y_j \Delta z_k}{\Delta x_{i-\frac{1}{2}}}; \quad F_{j+\frac{1}{2}} = \frac{\Delta x_i \Delta z_k}{\Delta y_{j+\frac{1}{2}}}; \quad F_{j-\frac{1}{2}} = \frac{\Delta x_i \Delta z_k}{\Delta y_{j-\frac{1}{2}}}; \quad F_{k+\frac{1}{2}} = \frac{\Delta x_i \Delta y_j}{\Delta z_{k+\frac{1}{2}}};$$

$$F_{k-\frac{1}{2}} = \frac{\Delta x_i \Delta y_j}{\Delta z_{k-\frac{1}{2}}}; \quad f_i = \Delta y_j \Delta z_k; \quad f_j = \Delta x_i \Delta z_k; \quad f_k = \Delta x_i \Delta y_j$$

流度系数为

$$\lambda_g = \frac{K}{\mu_g}$$

同理，基质系统气相的差分方程：

$$F_{i+\frac{1}{2}}(\rho_g\lambda_{gm})_{i+\frac{1}{2}}(p_{i+1}^{n+1} - p_i^{n+1}) + F_{i-\frac{1}{2}}(\rho_g\lambda_{gm})_{i-\frac{1}{2}}(p_{i-1}^{n+1} - p_i^{n+1})$$

$$+ F_{j+\frac{1}{2}}(\rho_g\lambda_{gm})_{j+\frac{1}{2}}(p_{j+1}^{n+1} - p_j^{n+1}) + F_{j-\frac{1}{2}}(\rho_g\lambda_{gm})_{j-\frac{1}{2}}(p_{j-1}^{n+1} - p_j^{n+1})$$

$$+ F_{k+\frac{1}{2}}(\rho_g\lambda_{gm})_{k+\frac{1}{2}}(p_{k+1}^{n+1} - p_k^{n+1}) + F_{k-\frac{1}{2}}(\rho_g\lambda_{gm})_{k-\frac{1}{2}}(p_{k-1}^{n+1} - p_k^{n+1}) - V_b(\Gamma_{gmf})_{i,j,k} \tag{7-25}$$

$$= V_b \frac{(\varphi_m S_{gm}\rho_g)^{n+1} - (\varphi_m S_{gm}\rho_g)^n}{\Delta t}$$

基质系统元素硫的差分方程：

$$F_{i+\frac{1}{2}}(\lambda_{gm})_{i+\frac{1}{2}}(p_{i+1}^{n+1}-p_i^{n+1})+F_{i-\frac{1}{2}}(\lambda_{gm})_{i-\frac{1}{2}}(p_{i-1}^{n+1}-p_i^{n+1})+F_{j+\frac{1}{2}}(\lambda_{gm})_{j+\frac{1}{2}}(p_{j+1}^{n+1}-p_j^{n+1})$$

$$+F_{j-\frac{1}{2}}(\lambda_{gm})_{j-\frac{1}{2}}(p_{j-1}^{n+1}-p_j^{n+1})+F_{k+\frac{1}{2}}(\lambda_{gm})_{k+\frac{1}{2}}(p_{k+1}^{n+1}-p_k^{n+1})+F_{k-\frac{1}{2}}(\lambda_{gm})_{k-\frac{1}{2}}(p_{k-1}^{n+1}-p_k^{n+1})$$

$$+f_i(u_{s,i+1}^{n+1}-u_{s,i}^{n+1})+f_j(u_{s,j+1}^{n+1}-u_{s,j}^{n+1})+f_k(u_{s,k+1}^{n+1}-u_{s,k}^{n+1})-V_b\frac{(\varGamma_{smf})_{i,j,k}}{\rho_s} \tag{7-26}$$

$$=\frac{V_b}{\Delta t}\left\{[(S_{gm}C_s+C_s'S_{gm}+S_s)\varphi_m]^{n+1}-[(S_{gm}C_s+C_s'S_{gm}+S_s)\varphi_m]^n\right\}$$

基质系统非硫组分差分方程：

$$F_{i+\frac{1}{2}}(\lambda_{gm}\rho_g Z_{gm}^m)_{i+\frac{1}{2}}(p_{i+1}^{n+1}-p_i^{n+1})+F_{i-\frac{1}{2}}(\lambda_{gm}\rho_g Z_{gm}^m)_{i-\frac{1}{2}}(p_{i-1}^{n+1}-p_i^{n+1})$$

$$+F_{j+\frac{1}{2}}(\lambda_{gm}\rho_g Z_{gm}^m)_{j+\frac{1}{2}}(p_{j+1}^{n+1}-p_j^{n+1})+F_{j-\frac{1}{2}}(\lambda_{gm}\rho_g Z_{gm}^m)_{j-\frac{1}{2}}(p_{j-1}^{n+1}-p_j^{n+1})$$

$$+F_{k+\frac{1}{2}}(\lambda_{gm}\rho_g Z_{gm}^m)_{k+\frac{1}{2}}(p_{k+1}^{n+1}-p_k^{n+1})+F_{k-\frac{1}{2}}(\lambda_{gm}\rho_g Z_{gm}^m)_{k-\frac{1}{2}}(p_{k-1}^{n+1}-p_k^{n+1})$$

$$-V_b(\varGamma_{gmf})_{i,j,k}Z_{gm}^m=V_b\frac{(\varphi_m S_{gm}\rho_g Z_{gm}^m)^{n+1}-(\varphi_m S_{gm}\rho_g Z_{gm}^m)^n}{\Delta t} \tag{7-27}$$

7.2.2　差分方程的线性化处理

在实际的求解中，并不直接求 $n+1$ 时间的变量(如：p^{n+1}、S_g^{n+1} 等)，而是求解从 n 时刻到 $n+1$ 时刻变量的增量。设：

$$p^{n+1}=p^n+\delta p \tag{7-28}$$

$$S_g^{n+1}=S_g^n+\delta S_g \tag{7-29}$$

$$S_s^{n+1}=S_s^n+\delta S_s \tag{7-30}$$

其中，δp、δS_g、δS_s 是变量从 n 时刻到 $n+1$ 时刻的增量。

经推导整理可得裂缝系统气相差分方程的线性方程为

$$T_{gf,\,i+\frac{1}{2}}\delta p_{i+1}+T_{gf,\,i-\frac{1}{2}}\delta p_{i-1}+T_{gf,\,j+\frac{1}{2}}\delta p_{j+1}+T_{gf,\,j-\frac{1}{2}}\delta p_{j-1}+T_{gf,\,k+\frac{1}{2}}\delta p_{k+1}+T_{gf,\,k-\frac{1}{2}}\delta p_{k-1}$$

$$-\left[\left(T_{gf,i+\frac{1}{2}}+T_{gf,i-\frac{1}{2}}\right)\delta p_i+\left(T_{gf,j+\frac{1}{2}}+T_{gf,j-\frac{1}{2}}\right)\delta p_j+\left(T_{gf,k+\frac{1}{2}}+T_{gf,k-\frac{1}{2}}\right)\delta p_k\right]+A_{gf}+V_b(\varGamma_{gmf})_{i,j,k} \tag{7-31}$$

$$=\frac{V_b}{\Delta t}\left(\varphi_f\rho_g^n\delta S_{gf}+S_{gf}^n\varphi_f\frac{\partial\rho_g}{\partial p}\delta p\right)+V_b q_{gf}$$

式中，$T_{gf,\,i+\frac{1}{2}}=F_{i+\frac{1}{2}}(\rho_g\lambda_g)_{i+\frac{1}{2}}$；　$T_{gf,\,i-\frac{1}{2}}=F_{i-\frac{1}{2}}(\rho_g\lambda_g)_{i-\frac{1}{2}}$；

$T_{gf,\,j-\frac{1}{2}}=F_{j-\frac{1}{2}}(\rho_g\lambda_g)_{j-\frac{1}{2}}$；　$T_{gf,\,j+\frac{1}{2}}=F_{j+\frac{1}{2}}(\rho_g\lambda_g)_{j+\frac{1}{2}}$；

$T_{gf,\,k+\frac{1}{2}}=F_{k+\frac{1}{2}}(\rho_g\lambda_g)_{k+\frac{1}{2}}$；　$T_{gf,\,k-\frac{1}{2}}=F_{k-\frac{1}{2}}(\rho_g\lambda_g)_{k-\frac{1}{2}}$；

$$A_{\mathrm{gf}} = T_{\mathrm{gf},i+\frac{1}{2}}(p_{i+1}^n - p_i^n) + T_{\mathrm{gf},i-\frac{1}{2}}(p_{i-1}^n - p_i^n) + T_{\mathrm{gf},j+\frac{1}{2}}(p_{j+1}^n - p_j^n) + T_{\mathrm{gf},j-\frac{1}{2}}(p_{j-1}^n - p_j^n)$$

$$+ T_{\mathrm{gf},k+\frac{1}{2}}(p_{k+1}^n - p_k^n) + T_{\mathrm{gf},k-\frac{1}{2}}(p_{k-1}^n - p_k^n)$$

裂缝系统元素硫差分方程的线性方程为

$$T_{\mathrm{sf},i+\frac{1}{2}}\delta p_{i+1} + T_{\mathrm{sf},i-\frac{1}{2}}\delta p_{i-1} + T_{\mathrm{sf},j+\frac{1}{2}}\delta p_{j+1} + T_{\mathrm{sf},j-\frac{1}{2}}\delta p_{j-1} + T_{\mathrm{sf},k+\frac{1}{2}}\delta p_{k+1} + T_{\mathrm{sf},k-\frac{1}{2}}\delta p_{k-1}$$

$$- \left[\left(T_{\mathrm{sf},i+\frac{1}{2}} + T_{\mathrm{sf},i-\frac{1}{2}} \right)\delta p_i + \left(T_{\mathrm{sf},j+\frac{1}{2}} + T_{\mathrm{sf},j-\frac{1}{2}} \right)\delta p_j + \left(T_{\mathrm{sf},k+\frac{1}{2}} + T_{\mathrm{sf},k-\frac{1}{2}} \right)\delta p_k \right] + A_{\mathrm{sf}}$$

$$+ f_i(u_{\mathrm{s},i+1}^n - u_{\mathrm{s},i}^n) + f_j(u_{\mathrm{s},j+1}^n - u_{\mathrm{s},j}^n) + f_k(u_{\mathrm{s},k+1}^n - u_{\mathrm{s},k}^n) + V_{\mathrm{b}}\frac{(\Gamma_{\mathrm{smf}})_{i,j,k}}{\rho_{\mathrm{s}}} \qquad (7\text{-}32)$$

$$= \frac{V_{\mathrm{b}}}{\Delta t}\left(\varphi_{\mathrm{f}} S_{\mathrm{gf}}^n \frac{\partial C_{\mathrm{s}}}{\partial p}\delta p + \varphi_{\mathrm{f}} C_{\mathrm{s}}^n \delta S_{\mathrm{gf}} + \varphi_{\mathrm{f}} S_{\mathrm{gf}}^n \frac{\partial C_{\mathrm{s}}'}{\partial p}\delta p + \varphi_{\mathrm{f}} C_{\mathrm{s}}'^n \delta S_{\mathrm{gf}} + \varphi_{\mathrm{f}} \delta S_{\mathrm{sf}} \right) + \frac{V_{\mathrm{b}} q_{\mathrm{sf}}}{\rho_{\mathrm{s}}}$$

式中，$T_{\mathrm{sf},i+\frac{1}{2}} = F_{i+\frac{1}{2}}(\rho_{\mathrm{s}}\lambda_{\mathrm{g}})_{i+\frac{1}{2}}$；　$T_{\mathrm{sf},i-\frac{1}{2}} = F_{i-\frac{1}{2}}(\rho_{\mathrm{s}}\lambda_{\mathrm{g}})_{i-\frac{1}{2}}$；　$T_{\mathrm{sf},j+\frac{1}{2}} = F_{j+\frac{1}{2}}(\rho_{\mathrm{s}}\lambda_{\mathrm{g}})_{j+\frac{1}{2}}$；

$T_{\mathrm{sf},j-\frac{1}{2}} = F_{j-\frac{1}{2}}(\rho_{\mathrm{s}}\lambda_{\mathrm{g}})_{j-\frac{1}{2}}$；　$T_{\mathrm{sf},k+\frac{1}{2}} = F_{k+\frac{1}{2}}(\rho_{\mathrm{s}}\lambda_{\mathrm{g}})_{k+\frac{1}{2}}$；　$T_{\mathrm{sf},k-\frac{1}{2}} = F_{k-\frac{1}{2}}(\rho_{\mathrm{s}}\lambda_{\mathrm{g}})_{k-\frac{1}{2}}$；

$$A_{\mathrm{sf}} = T_{\mathrm{sf},i+\frac{1}{2}}(p_{i+1}^n - p_i^n) + T_{\mathrm{sf},i-\frac{1}{2}}(p_{i-1}^n - p_i^n) + T_{\mathrm{sf},j+\frac{1}{2}}(p_{j+1}^n - p_j^n)$$

$$+ T_{\mathrm{sf},j-\frac{1}{2}}(p_{j-1}^n - p_j^n) + T_{\mathrm{sf},k+\frac{1}{2}}(p_{k+1}^n - p_k^n) + T_{\mathrm{sf},k-\frac{1}{2}}(p_{k-1}^n - p_k^n)$$

裂缝系统非硫组分差分方程的线性方程为

$$T_{\mathrm{mf},i+\frac{1}{2}}\delta p_{i+1} + T_{\mathrm{mf},i-\frac{1}{2}}\delta p_{i-1} + T_{\mathrm{mf},j+\frac{1}{2}}\delta p_{j+1} + T_{\mathrm{mf},j-\frac{1}{2}}\delta p_{j-1} + T_{\mathrm{mf},k+\frac{1}{2}}\delta p_{k+1} + T_{\mathrm{mf},k-\frac{1}{2}}\delta p_{k-1}$$

$$- \left[\left(T_{\mathrm{mf},i+\frac{1}{2}} + T_{\mathrm{mf},i-\frac{1}{2}} \right)\delta p_i + \left(T_{\mathrm{mf},j+\frac{1}{2}} + T_{\mathrm{mf},j-\frac{1}{2}} \right)\delta p_j + \left(T_{\mathrm{mf},k+\frac{1}{2}} + T_{\mathrm{mf},k-\frac{1}{2}} \right)\delta p_k \right] + A_{\mathrm{mf}} \qquad (7\text{-}33)$$

$$= V_{\mathrm{b}}\left\{ \frac{1}{\Delta t}\left[\varphi_{\mathrm{f}}\rho_{\mathrm{g}}^n (Z_{\mathrm{gf}}^m)^n \delta S_{\mathrm{gf}} + \varphi_{\mathrm{f}} S_{\mathrm{gf}}^n \rho_{\mathrm{g}}^n \delta(Z_{\mathrm{gf}}^m) + \varphi_{\mathrm{f}} S_{\mathrm{gf}}^n (Z_{\mathrm{gf}}^m)^n \frac{\partial \rho_{\mathrm{g}}}{\partial p}\delta p \right] + q_{\mathrm{gf}} Z_{\mathrm{gf}}^m \right\}$$

式中，$T_{\mathrm{mf},i+\frac{1}{2}} = F_{i+\frac{1}{2}}(\rho_{\mathrm{g}}\lambda_{\mathrm{gf}} Z_{\mathrm{gf}}^m)_{i+\frac{1}{2}}$；　$T_{\mathrm{mf},i-\frac{1}{2}} = F_{i-\frac{1}{2}}(\rho_{\mathrm{g}}\lambda_{\mathrm{gf}} Z_{\mathrm{gf}}^m)_{i-\frac{1}{2}}$；　$T_{\mathrm{mf},j+\frac{1}{2}} = F_{j+\frac{1}{2}}(\rho_{\mathrm{g}}\lambda_{\mathrm{gf}} Z_{\mathrm{gf}}^m)_{j+\frac{1}{2}}$；

$T_{\mathrm{mf},j-\frac{1}{2}} = F_{j-\frac{1}{2}}(\rho_{\mathrm{g}}\lambda_{\mathrm{gf}} Z_{\mathrm{gf}}^m)_{j-\frac{1}{2}}$；　$T_{\mathrm{mf},k+\frac{1}{2}} = F_{k+\frac{1}{2}}(\rho_{\mathrm{g}}\lambda_{\mathrm{gf}} Z_{\mathrm{gf}}^m)_{k+\frac{1}{2}}$；　$T_{\mathrm{mf},k-\frac{1}{2}} = F_{k-\frac{1}{2}}(\rho_{\mathrm{g}}\lambda_{\mathrm{gf}} Z_{\mathrm{gf}}^m)_{k-\frac{1}{2}}$；

$$A_{\mathrm{mf}} = T_{\mathrm{mf},i+\frac{1}{2}}(p_{i+1}^n - p_i^n) + T_{\mathrm{mf},i-\frac{1}{2}}(p_{i-1}^n - p_i^n) + T_{\mathrm{mf},j+\frac{1}{2}}(p_{j+1}^n - p_j^n)$$

$$+ T_{\mathrm{mf},j-\frac{1}{2}}(p_{j-1}^n - p_j^n) + T_{\mathrm{mf},k+\frac{1}{2}}(p_{k+1}^n - p_k^n) + T_{\mathrm{mf},k-\frac{1}{2}}(p_{k-1}^n - p_k^n)$$

同理，基质系统气相差分方程的线性方程为

$$T_{\mathrm{gm},i+\frac{1}{2}}\delta p_{i+1} + T_{\mathrm{gm},i-\frac{1}{2}}\delta p_{i-1} + T_{\mathrm{gm},j+\frac{1}{2}}\delta p_{j+1} + T_{\mathrm{gm},j-\frac{1}{2}}\delta p_{j-1} + T_{\mathrm{gm},k+\frac{1}{2}}\delta p_{k+1} + T_{\mathrm{gm},k-\frac{1}{2}}\delta p_{k-1}$$

$$- \left[\left(T_{\mathrm{gm},i+\frac{1}{2}} + T_{\mathrm{gm},i-\frac{1}{2}} \right)\delta p_i + \left(T_{\mathrm{gm},j+\frac{1}{2}} + T_{\mathrm{gm},j-\frac{1}{2}} \right)\delta p_j + \left(T_{\mathrm{gm},k+\frac{1}{2}} + T_{\mathrm{gm},k-\frac{1}{2}} \right)\delta p_k \right] + A_{\mathrm{gm}} - V_{\mathrm{b}}(\Gamma_{\mathrm{gmf}})$$

$$= \frac{V_{\mathrm{b}}}{\Delta t}\left(\varphi_{\mathrm{m}}\rho_{\mathrm{g}}^n \delta S_{\mathrm{gm}} + S_{\mathrm{gm}}^n \varphi_{\mathrm{m}}\frac{\partial \rho_{\mathrm{g}}}{\partial p}\delta p \right)$$

$$(7\text{-}34)$$

式中，$T_{gm,\,i+\frac{1}{2}} = F_{i+\frac{1}{2}}(\rho_g\lambda_{gm})_{i+\frac{1}{2}}$；$T_{gm,\,i-\frac{1}{2}} = F_{i-\frac{1}{2}}(\rho_g\lambda_{gm})_{i-\frac{1}{2}}$；$T_{gm,\,j+\frac{1}{2}} = F_{j+\frac{1}{2}}(\rho_g\lambda_{gm})_{j+\frac{1}{2}}$；

$T_{gm,\,j-\frac{1}{2}} = F_{j-\frac{1}{2}}(\rho_g\lambda_{gm})_{j-\frac{1}{2}}$；$T_{gm,\,k+\frac{1}{2}} = F_{k+\frac{1}{2}}(\rho_g\lambda_{gm})_{k+\frac{1}{2}}$；$T_{gm,\,k-\frac{1}{2}} = F_{k-\frac{1}{2}}(\rho_g\lambda_{gm})_{k-\frac{1}{2}}$；

$$A_{gm} = T_{gm,i+\frac{1}{2}}(p_{i+1}^n - p_i^n) + T_{gm,i-\frac{1}{2}}(p_{i-1}^n - p_i^n) + T_{gm,j+\frac{1}{2}}(p_{j+1}^n - p_j^n) + T_{gm,j-\frac{1}{2}}(p_{j-1}^n - p_j^n)$$
$$+ T_{gm,k+\frac{1}{2}}(p_{k+1}^n - p_k^n) + T_{gm,k-\frac{1}{2}}(p_{k-1}^n - p_k^n)$$

基质系统元素硫差分方程的线性方程为

$$T_{sm,\,i+\frac{1}{2}}\delta p_{i+1} + T_{sm,\,i-\frac{1}{2}}\delta p_{i-1} + T_{sm,\,j+\frac{1}{2}}\delta p_{j+1} + T_{sm,\,j-\frac{1}{2}}\delta p_{j-1} + T_{sm,\,k+\frac{1}{2}}\delta p_{k+1} + T_{sm,\,k-\frac{1}{2}}\delta p_{k-1}$$
$$- \left[\left(T_{sm,i+\frac{1}{2}} + T_{sm,i-\frac{1}{2}}\right)\delta p_i + \left(T_{sm,j+\frac{1}{2}} + T_{sm,j-\frac{1}{2}}\right)\delta p_j + \left(T_{sm,k+\frac{1}{2}} + T_{sm,k-\frac{1}{2}}\right)\delta p_k\right] + A_{sm}$$
$$+ f_i(u_{s,i+1}^n - u_{s,i}^n) + f_j(u_{s,j+1}^n - u_{s,j}^n) + f_k(u_{s,k+1}^n - u_{s,k}^n) - V_b\frac{(\Gamma_{smf})_{i,j,k}}{\rho_s} \quad (7\text{-}35)$$
$$= \frac{V_b}{\Delta t}\left(\varphi_m S_{gm}^n \frac{\partial C_s}{\partial p}\delta p + \varphi_m C_s^n \delta S_{gm} + \varphi_m S_{gm}^n \frac{\partial C_s'}{\partial p}\delta p + \varphi_m C_s'^n \delta S_{gm} + \varphi_m \delta S_{sm}\right)$$

式中，$T_{sm,\,i+\frac{1}{2}} = F_{i+\frac{1}{2}}(\lambda_{gm})_{i+\frac{1}{2}}$；$T_{sm,\,i-\frac{1}{2}} = F_{i-\frac{1}{2}}(\lambda_{gm})_{i-\frac{1}{2}}$；$T_{sm,\,j+\frac{1}{2}} = F_{j+\frac{1}{2}}(\lambda_{gm})_{j+\frac{1}{2}}$；$T_{sm,\,j-\frac{1}{2}} = F_{j-\frac{1}{2}}(\lambda_{gm})_{j-\frac{1}{2}}$；

$T_{sm,\,k+\frac{1}{2}} = F_{k+\frac{1}{2}}(\lambda_{gm})_{k+\frac{1}{2}}$；$T_{sm,\,k-\frac{1}{2}} = F_{k-\frac{1}{2}}(\lambda_{gm})_{k-\frac{1}{2}}$；

$$A_{sm} = T_{sm,i+\frac{1}{2}}(p_{i+1}^n - p_i^n) + T_{sm,i-\frac{1}{2}}(p_{i-1}^n - p_i^n) + T_{sm,j+\frac{1}{2}}(p_{j+1}^n - p_j^n)$$
$$+ T_{sm,j-\frac{1}{2}}(p_{j-1}^n - p_j^n) + T_{sm,k+\frac{1}{2}}(p_{k+1}^n - p_k^n) + T_{sm,k-\frac{1}{2}}(p_{k-1}^n - p_k^n)$$

基质系统非硫组分差分方程的线性方程为

$$T_{mm,\,i+\frac{1}{2}}\delta p_{i+1} + T_{mm,\,i-\frac{1}{2}}\delta p_{i-1} + T_{mm,\,j+\frac{1}{2}}\delta p_{j+1} + T_{mm,\,j-\frac{1}{2}}\delta p_{j-1} + T_{mm,\,k+\frac{1}{2}}\delta p_{k+1} + T_{mm,\,k-\frac{1}{2}}\delta p_{k-1}$$
$$- \left[\left(T_{mm,i+\frac{1}{2}} + T_{mf,i-\frac{1}{2}}\right)\delta p_i + \left(T_{mm,j+\frac{1}{2}} + T_{mm,j-\frac{1}{2}}\right)\delta p_j + \left(T_{mm,k+\frac{1}{2}} + T_{mm,k-\frac{1}{2}}\right)\delta p_k\right] + A_{mm} \quad (7\text{-}36)$$
$$= \frac{V_b}{\Delta t}\left[\varphi_m\rho_g^n(Z_{gm}^m)^n\delta S_{gm} + \varphi_m S_{gm}^n\rho_g^n\delta(Z_{gm}^m) + \varphi_m S_{gm}^n(Z_{gm}^m)^n\frac{\partial\rho_g}{\partial p}\delta p\right]$$

式中，$T_{mm,i+\frac{1}{2}} = F_{i+\frac{1}{2}}(\rho_g\lambda_{gm}Z_{gm}^m)_{i+\frac{1}{2}}$；$T_{mm,i-\frac{1}{2}} = F_{i-\frac{1}{2}}(\rho_g\lambda_{gm}Z_{gm}^m)_{i-\frac{1}{2}}$；

$T_{mm,j+\frac{1}{2}} = F_{j+\frac{1}{2}}(\rho_g\lambda_{gm}Z_{gm}^m)_{j+\frac{1}{2}}$；$T_{mm,j-\frac{1}{2}} = F_{j-\frac{1}{2}}(\rho_g\lambda_{gm}Z_{gm}^m)_{j-\frac{1}{2}}$；

$T_{mm,k+\frac{1}{2}} = F_{k+\frac{1}{2}}(\rho_g\lambda_{gm}Z_{gm}^m)_{k+\frac{1}{2}}$；$T_{mm,k-\frac{1}{2}} = F_{k-\frac{1}{2}}(\rho_g\lambda_{gm}Z_{gm}^m)_{k-\frac{1}{2}}$；

$$A_{mm} = T_{mm,i+\frac{1}{2}}(p_{i+1}^n - p_i^n) + T_{mm,i-\frac{1}{2}}(p_{i-1}^n - p_i^n) + T_{mm,j+\frac{1}{2}}(p_{j+1}^n - p_j^n)$$
$$+ T_{mm,j-\frac{1}{2}}(p_{j-1}^n - p_j^n) + T_{mm,k+\frac{1}{2}}(p_{k+1}^n - p_k^n) + T_{mm,k-\frac{1}{2}}(p_{k-1}^n - p_k^n)$$

7.2.3　差分方程的求解

裂缝系统元素硫差分方程两端同乘以 $B = \dfrac{\rho_{\mathrm{g}}^{n}}{1 - C_{\mathrm{s}}^{n} - C_{\mathrm{s}}'^{n}}$，再加上气相差分方程得到：

$$
\begin{aligned}
&\left(BT_{\mathrm{sf},i+\frac{1}{2}} + T_{\mathrm{gf},i+\frac{1}{2}}\right)\delta p_{i+1} + \left(BT_{\mathrm{sf},i-\frac{1}{2}} + T_{\mathrm{gf},i-\frac{1}{2}}\right)\delta p_{i-1} + \left(BT_{\mathrm{sf},i+\frac{1}{2}} + T_{\mathrm{gf},i+\frac{1}{2}}\right)\delta p_{j+1} \\
&+ \left(BT_{\mathrm{sf},j-\frac{1}{2}} + T_{\mathrm{gf},j-\frac{1}{2}}\right)\delta p_{j-1} + \left(BT_{\mathrm{sf},k+\frac{1}{2}} + T_{\mathrm{gf},k+\frac{1}{2}}\right)\delta p_{k+1} + \left(BT_{\mathrm{sf},k-\frac{1}{2}} + T_{\mathrm{gf},k-\frac{1}{2}}\right)\delta p_{k-1} \\
&- \left[\left(BT_{\mathrm{sf},i+\frac{1}{2}} + T_{\mathrm{gf},i+\frac{1}{2}}\right)\delta p_{i} + \left(BT_{\mathrm{sf},i-\frac{1}{2}} + T_{\mathrm{gf},i-\frac{1}{2}}\right)\delta p_{i} + \left(BT_{\mathrm{sf},j+\frac{1}{2}} + T_{\mathrm{gf},j+\frac{1}{2}}\right)\delta p_{j} + \left(BT_{\mathrm{sf},j-\frac{1}{2}} + T_{\mathrm{gf},j-\frac{1}{2}}\right)\delta p_{j}\right. \\
&\left.+ \left(BT_{\mathrm{sf},k+\frac{1}{2}} + T_{\mathrm{gf},k+\frac{1}{2}}\right)\delta p_{k} + \left(BT_{\mathrm{sf},k-\frac{1}{2}} + T_{\mathrm{gf},k-\frac{1}{2}}\right)\delta p_{k}\right] + V_{\mathrm{b}}\left[B\frac{(\Gamma_{\mathrm{smf}})_{i,j,k}}{\rho_{\mathrm{s}}} + (\Gamma_{\mathrm{gmf}})_{i,j,k}\right] \\
&+ B[f_{i}(u_{\mathrm{s},i+1}^{n} - u_{\mathrm{s},i}^{n}) + f_{j}(u_{\mathrm{s},j+1}^{n} - u_{\mathrm{s},j}^{n}) + f_{k}(u_{\mathrm{s},k+1}^{n} - u_{\mathrm{s},k}^{n})] + BA_{\mathrm{sf}} + A_{\mathrm{gf}} \\
&= \frac{V_{\mathrm{b}}\varphi_{\mathrm{f}}}{\Delta t}\left[B\left(S_{\mathrm{gf}}^{n}\frac{\partial C_{\mathrm{s}}}{\partial p} + S_{\mathrm{gf}}^{n}\frac{\partial C_{\mathrm{s}}'}{\partial p}\right) + S_{\mathrm{gf}}^{n}\frac{\partial \rho_{\mathrm{g}}}{\partial p}\right]\delta p + V_{\mathrm{b}}\left[(q_{\mathrm{gf}})_{i,j,k} + \frac{q_{\mathrm{sf}}}{\rho_{\mathrm{s}}}B\right]
\end{aligned}
$$

$$(7\text{-}37)$$

基质系统元素硫差分方程两端同乘以 $B = \dfrac{\rho_{\mathrm{g}}^{n}}{1 - C_{\mathrm{s}}^{n} - C_{\mathrm{s}}'^{n}}$，再加上气相差分方程得到：

$$
\begin{aligned}
&\left(BT_{\mathrm{sm},i+\frac{1}{2}} + T_{\mathrm{gm},i+\frac{1}{2}}\right)\delta p_{i+1} + \left(BT_{\mathrm{sm},i-\frac{1}{2}} + T_{\mathrm{gm},i-\frac{1}{2}}\right)\delta p_{i-1} + \left(BT_{\mathrm{sm},j+\frac{1}{2}} + T_{\mathrm{gm},j+\frac{1}{2}}\right)\delta p_{j+1} \\
&+ \left(BT_{\mathrm{sm},j-\frac{1}{2}} + T_{\mathrm{gm},j-\frac{1}{2}}\right)\delta p_{j-1} + \left(BT_{\mathrm{sm},k+\frac{1}{2}} + T_{\mathrm{gm},k+\frac{1}{2}}\right)\delta p_{k+1} + \left(BT_{\mathrm{sm},k-\frac{1}{2}} + T_{\mathrm{gm},k-\frac{1}{2}}\right)\delta p_{k-1} \\
&- \left[\left(BT_{\mathrm{sm},i+\frac{1}{2}} + T_{\mathrm{gm},i+\frac{1}{2}}\right)\delta p_{i} + \left(BT_{\mathrm{sm},i-\frac{1}{2}} + T_{\mathrm{gm},i-\frac{1}{2}}\right)\delta p_{i} + \left(BT_{\mathrm{sm},j+\frac{1}{2}} + T_{\mathrm{gm},j+\frac{1}{2}}\right)\delta p_{j}\right. \\
&\left.+ \left(BT_{\mathrm{sm},j-\frac{1}{2}} + T_{\mathrm{gm},j-\frac{1}{2}}\right)\delta p_{j} + \left(BT_{\mathrm{sm},k+\frac{1}{2}} + T_{\mathrm{gm},k+\frac{1}{2}}\right)\delta p_{k} + \left(BT_{\mathrm{sm},k-\frac{1}{2}} + T_{\mathrm{gm},k-\frac{1}{2}}\right)\delta p_{k}\right] \qquad (7\text{-}38) \\
&- V_{\mathrm{b}}\left[B\frac{(\Gamma_{\mathrm{smf}})_{i,j,k}}{\rho_{\mathrm{s}}} + (\Gamma_{\mathrm{gmf}})_{i,j,k}\right] + B[f_{i}(u_{\mathrm{s},i+1}^{n} - u_{\mathrm{s},i}^{n}) + f_{j}(u_{\mathrm{s},j+1}^{n} - u_{\mathrm{s},j}^{n}) \\
&+ f_{k}(u_{\mathrm{s},k+1}^{n} - u_{\mathrm{s},k}^{n})] + BA_{\mathrm{sm}} + A_{\mathrm{gm}} \\
&= \frac{V_{\mathrm{b}}\varphi_{\mathrm{m}}}{\Delta t}\left[B\left(S_{\mathrm{gm}}^{n}\frac{\partial C_{\mathrm{s}}}{\partial p} + S_{\mathrm{gm}}^{n}\frac{\partial C_{\mathrm{s}}'}{\partial p}\right) + S_{\mathrm{gm}}^{n}\frac{\partial \rho_{\mathrm{g}}}{\partial p}\right]\delta p
\end{aligned}
$$

由式(7-37)可计算出压力增量 δp。

整理公式可得求解含气饱和度和组分组成的显式计算式：

$$S_{gf}^{n+1} = S_{gf}^{n} + \delta S_{gf}$$

$$= S_{gf}^{n} + \frac{\Delta t}{V_b \varphi[C_s^n + C_s'^n - 1]} \left\{ \left[T_{sf,i+\frac{1}{2}} \delta p_{i+1} + T_{sf,i-\frac{1}{2}} \delta p_{i-1} + T_{sf,j+\frac{1}{2}} \delta p_{j+1} + T_{sf,j-\frac{1}{2}} \delta p_{j-1} \right. \right.$$

$$+ T_{sf,k+\frac{1}{2}} \delta p_{k+1} + T_{sf,k-\frac{1}{2}} \delta p_{k-1} \Bigg] - \left[\left(T_{sf,i+\frac{1}{2}} + T_{sf,i-\frac{1}{2}} \right) \delta p_i + \left(T_{sf,j+\frac{1}{2}} + T_{sf,j-\frac{1}{2}} \right) \delta p_j \right. \tag{7-39}$$

$$+ \left(T_{sf,k+\frac{1}{2}} + T_{sf,k-\frac{1}{2}} \right) \delta p_k \Bigg] + A_{sf} + f_i(u_{s,i+1}^n - u_{s,i}^n) + f_j(u_{s,j+1}^n - u_{s,j}^n) + f_k(u_{s,k+1}^n - u_{s,k}^n)$$

$$- \left[\frac{V_b}{\Delta t} \left(\varphi_f S_{gf}^n \frac{\partial C_s}{\partial p} \delta p + \varphi_f S_{gf}^n \frac{\partial C_s'}{\partial p} \delta p \right) + V_b \frac{q_{sf}}{\rho_s} + V_b \frac{(\Gamma_{smf})_{i,j,k}}{\rho_s} \right] \Bigg\}$$

$$S_{gm}^{n+1} = S_{gm}^{n} + \delta S_{gm}$$

$$= S_{gm}^{n} + \frac{\Delta t}{V_b \varphi[C_s^n + C_s'^n - 1]} \left\{ \left[T_{sm,i+\frac{1}{2}} \delta p_{i+1} + T_{sm,i-\frac{1}{2}} \delta p_{i-1} + T_{sm,j+\frac{1}{2}} \delta p_{j+1} + T_{sm,j-\frac{1}{2}} \delta p_{j-1} \right. \right.$$

$$+ T_{sm,k+\frac{1}{2}} \delta p_{k+1} + T_{sm,k-\frac{1}{2}} \delta p_{k-1} \Bigg] - \left[\left(T_{sm,i+\frac{1}{2}} + T_{sm,i-\frac{1}{2}} \right) \delta p_i + \left(T_{sm,j+\frac{1}{2}} + T_{sm,j-\frac{1}{2}} \right) \delta p_j \right. \tag{7-40}$$

$$+ \left(T_{sm,k+\frac{1}{2}} + T_{sm,k-\frac{1}{2}} \right) \delta p_k \Bigg] + A_{sm} + f_i(u_{s,i+1}^n - u_{s,i}^n) + f_j(u_{s,j+1}^n - u_{s,j}^n)$$

$$+ f_k(u_{s,k+1}^n - u_{s,k}^n) - \left[\frac{V_b}{\Delta t} \left(\varphi_m S_{gm}^n \frac{\partial C_s}{\partial p} \delta p + \varphi_m S_{gm}^n \frac{\partial C_s'}{\partial p} \delta p \right) - V_b \frac{(\Gamma_{smf})_{i,j,k}}{\rho_s} \right] \Bigg\}$$

$$(Z_{gf}^m)^{n+1} = (Z_{gf}^m)^n + \delta(Z_{gf}^m)$$

$$= (Z_{gf}^m)^n + \frac{\Delta t}{V_p \varphi S_{gf}^n \rho_g^n} \left\{ T_{mf,i+\frac{1}{2}} \delta p_{i+1} + T_{mf,i-\frac{1}{2}} \delta p_{i-1} + T_{mf,j+\frac{1}{2}} \delta p_{j+1} + T_{mf,j-\frac{1}{2}} \delta p_{j-1} \right.$$

$$+ T_{mf,k+\frac{1}{2}} \delta p_{k+1} + T_{mf,k+\frac{1}{2}} \delta p_{k+1} + T_{mf,k-\frac{1}{2}} \delta p_{k-1} - \left[\left(T_{mf,i+\frac{1}{2}} + T_{mf,i-\frac{1}{2}} \right) \delta p_i \right. \tag{7-41}$$

$$+ \left(T_{mf,j+\frac{1}{2}} + T_{mf,j-\frac{1}{2}} \right) \delta p_j + \left(T_{mf,k+\frac{1}{2}} + T_{mf,k-\frac{1}{2}} \right) \delta p_k \Bigg] + A_{mf}$$

$$- \frac{V_p}{\Delta t} \left[\varphi \rho_g^n (Z_{gf}^m)^n \delta S_{gf} + \varphi S_{gf}^n (Z_{gf}^m)^n \frac{\partial \rho_g}{\partial p} \delta p \right] - V_p q_g (Z_{gf}^m)^n \Bigg\}$$

$$(Z_{gm}^m)^{n+1} = (Z_{gm}^m)^n + \delta(Z_{gm}^m)$$

$$= (Z_{gm}^m)^n + \frac{\Delta t}{V_p \varphi S_{gm}^n \rho_g^n} \left\{ T_{mm,i+\frac{1}{2}} \delta p_{i+1} + T_{mm,i-\frac{1}{2}} \delta p_{i-1} + T_{mm,j+\frac{1}{2}} \delta p_{j+1} \right.$$

$$+ T_{mm,j-\frac{1}{2}} \delta p_{j-1} + T_{mm,k+\frac{1}{2}} \delta p_{k+1} + T_{mm,k-\frac{1}{2}} \delta p_{k-1} - \left[\left(T_{mm,i+\frac{1}{2}} + T_{mm,i-\frac{1}{2}} \right) \delta p_i \right. \tag{7-42}$$

$$+ \left(T_{mm,j+\frac{1}{2}} + T_{mm,j-\frac{1}{2}} \right) \delta p_j + \left(T_{mm,k+\frac{1}{2}} + T_{mm,k-\frac{1}{2}} \right) \delta p_k \Bigg] + A_{mm}$$

$$- \frac{V_p}{\Delta t} \left[\varphi \rho_g^n (Z_{gm}^m)^n \delta S_{gm} + \varphi S_{gm}^n (Z_{gm}^m)^n \frac{\partial \rho_g}{\partial p} \delta p \right] \Bigg\}$$

7.3　实例应用

选川东北高含硫气井 L7 井为例评价硫沉积对气井产能的影响。该气井的相关(解释)资料：原始地层压力 41.7MPa，地层温度 90℃，储集层有效厚度 h 为 10.7m，孔隙度 φ 为 9%，绝对渗透率 k 为 10mD，束缚水饱和度 S_{wi} 为 10%。地层流体组成见表 7-1。

表 7-1　L7 井气体井流物组成

组分	摩尔分数/%	组分	摩尔分数/%
H_2S	8.364	C_2	0.07
N_2	0.3	C_3	0.01
CO_2	6.28	He	0.02
C_1	84.97	H_2	0.004

为了研究硫沉积对气藏投产的影响，选择了该气藏包括 L7 井在内的一部分含气区域进行模拟研究，并假设生产井在该含气区域的中部(图 7-1、表 7-2)。模拟计算结果如图 7-2～图 7-7 所示。

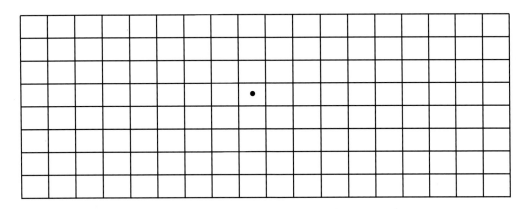

图 7-1　罗家寨气田 L7 井区域模拟网格平面分布

表 7-2　罗家寨气田 L7 井区域模拟网格参数

网格总数	网格维数	网格步长/m		模拟面积/km²
		I 方向	J 方向	
441	18×8×1	119.5	120.4	2.05

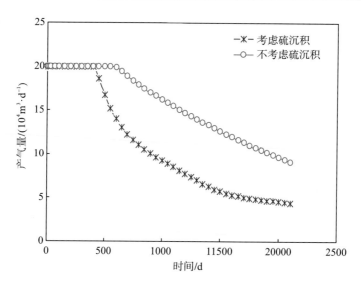

图 7-2　定压生产模拟日产气量对比曲线

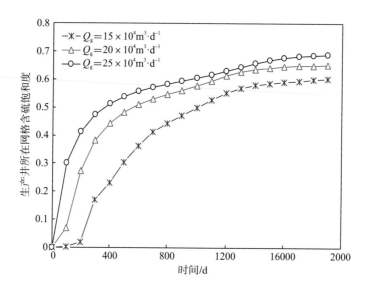

图 7-3　产气量（Q_g）对硫沉积速度影响的对比曲线

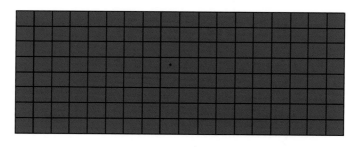

图 7-4　初始时刻网格中硫微粒的沉积量(单位：g)

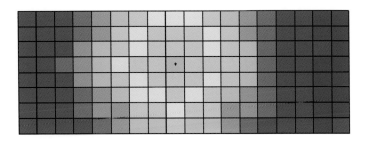

图 7-5　100d 时网格中硫微粒的沉积量(单位：g)

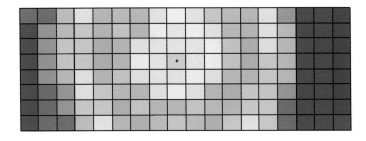

图 7-6　300d 时网格中硫微粒的沉积量(单位：g)

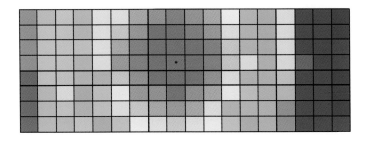

图 7-7　600d 时网格中硫微粒的沉积量(单位：g)

　　硫沉积对气井生产造成的影响表现如下：

　　(1)由于假设气藏在初始时刻饱和溶解元素硫，因此当存在压降时，元素硫就会析出。

　　(2)在远井区域，由于压降较小，气体流动速度不大，其气流速度往往不能携带硫微粒运移，因此在这些区域也存在元素硫的析出，以及硫微粒的沉积。

　　(3)硫微粒主要在近井区域沉积。这主要有两方面的原因：一是在近井区域压降较大，析出的硫微粒较多，另外气流远处携带的硫微粒运移至该区域，使得硫微粒的浓度增加；另一方面，虽然近井区域气流的流速较大，但由于硫微粒浓度较大，而且高速的气流加剧了微粒与孔隙壁的碰撞，因此硫微粒在孔隙中的吸附较强，即因吸附而引起的硫沉积加重。

　　(4)硫沉积导致气井的稳产时间缩短，在递减期内递减速度加快，并且气井产量越大，地层的压降也越大，硫沉积速度也就越快。

　　因此，合理配产对预防和控制硫沉积都具有重要意义，同时也是科学、高效开发高含硫气藏的关键。

第8章　酸性气体-水-岩反应数值模拟

8.1　CMG-GEM 软件简介

CMG 软件是加拿大计算机模拟软件集团(CMG)根据 30 多年的油藏数值开发经验开发出的一款油藏数值模拟软件。CMG 不仅提供传统的黑油油藏模拟软件，还提供复杂相态、组分以及包含化学反应和地质学的热采油藏模拟软件。

GEM 是 CMG 众多模块中的一个，是基于通用状态方程模型，具有很多先进功能的组分油藏模拟软件，用于模拟开发过程中流体组分对采收率的影响。GEM 可以模拟沥青、煤层气，也可用于模拟包括酸性气体和 CO_2 在内的多种气体捕集的地球化学过程。其中，CO_2 及其他酸性气体模拟主要包括：水相中气体溶解度的综合模拟以及综合地球化学，即水相内部反应及矿物溶解和沉淀。

CO_2 及其他酸气在盐水层中埋存的模型主要包括：组分运移方程、气-液平衡方程和地球化学方程。其中地球化学方程涉及水溶液种类与矿物沉淀和溶解之间的反应。水相中活性组分运移模型的建立一直是水文地球化学领域的一个研究热点(Lichtner，1985)。求解耦合方程组有两种基本方法：序贯解法和联立解法。在序贯解法中，分别求解了流动方程和化学平衡方程。迭代求解应用于两个系统之间，直到达到收敛为止。迭代求解法可以用牛顿迭代求解所有联立的方程组，同时也可以用全耦合方法。尽管全耦合法被认为是最稳定的求解方法，但由于该方法非常的复杂，因此并没有被广泛的使用。

CMG-GEM 软件通过使用全耦合方法实现自适应隐式多相多组分流动模拟、化学平衡模拟、矿物溶解/沉淀速率相关模拟，最终实现 CO_2 在盐水层中储层的模拟。该方法的成功取决于高效稀疏求解技术和将强大的解决方案应用于多相多组分流动模拟系统。

8.2　模型的建立

8.2.1　气田基本参数

本次利用商业数值模拟软件 CMG2017 对碳酸盐岩在地层条件下的注酸性气体驱替模型进行驱替岩心实验研究，探究酸性气体注入后碳酸盐岩储层物性的变化特征。在 CMG-GEM 软件中考虑酸性气体在水中的溶解和反应过程，以及初始地层水的矿化度，能够准确地模拟酸性气体-水-岩反应过程。本书建立的碳酸盐岩储层酸性气藏模型在单孔介质的基础上，将酸性气藏的特征，如初始孔隙度、渗透率、气体的溶解函数、反应动力学参数等包括在模型中，其中溶解函数遵循亨利定律，通过模拟生产实现对影响储层物性的多因素的敏感性分析，得出酸性气体对储层物性的影响机理，为高效开发生产酸性气藏天然气提供有效指导。

参考国内四川盆地 YB 气田碳酸岩盐储层，该储层具有明显的低孔、低渗特征。YB 气田长兴组储层属于中低孔、中低渗储层，主要为Ⅱ、Ⅲ类储层。储层孔隙度最大为 24.65%，最小为 0.23%，平均为 4%；渗透率最大为 1720.719mD，最小为 0.0028mD。地层原始温度为 120℃，原始压力为 50MPa。

气田流体主要成分为甲烷，最高含量达 91.96%，最低为 75.54%，平均为 86.29%；乙烷含量最高达 0.06%，最低为 0.03%，平均为 0.04%；CO_2 含量最高达 15.51%，最低为 3.12%，平均为 7.5%；H_2S 含量最高达 6.65%，最低为 2.51%，平均为 5.14%；氮气含量最高达 2.55%，最低为 0.24%，平均为 0.88%。天然气相对密度最高达 0.7938，最低为 0.5883，平均为 0.66，属高含 H_2S、中含 CO_2 气藏。本书模拟过程中使用到的天然气组分参数见表 8-1。

表 8-1　YB 气田某井天然气组成

组分	摩尔分数/%
C_1	86.31
H_2S	6.55
CO_2	6.39
H_2	0.5
N_2	0.2
C_2	0.05

8.2.2　油藏数值模拟网格系统

本次数值模拟在实际气藏参数基础上建立三维地质模型，平面上网格为 45×45，网格大小为 $25m \times 25m$；纵向上共分为 6 个小层，总厚 12m；模拟中心设置一口注入井，区块内还设置了四口生产井，模型基本参数见表 8-2，水样的离子成分见表 8-3。

表 8-2　模型基本参数设置

参数项		数值
气藏参数	模拟开始时间	2015 年 1 月 1 日
	模拟时间/年	5 年
	区块大小/m	X: 1125；Y: 1125；Z: 12
	网格数	12150
	埋深/m	7000
	有效厚度/m	12
	气藏温度/℃	120

续表

参数项		数值
初始条件	气藏原始压力/MPa	50
	初始含水饱和度	0.1
	方解石体积分数	0.2
	白云岩体积分数	0.7
	其他矿物体积分数	0.1
储层岩石参数	孔隙度	0.2
	渗透率/mD	1
	岩石压缩系数/MPa^{-1}	4×10^{-6}
	气体组分/%	$86.31C_1+6.55H_2S+6.39CO_2+0.7N_2+0.05C_2$
	注入气体组分	CO_2、H_2S
	水样	W1

表 8-3　模拟中水样离子含量表　　　　　　　　（单位：ppm[①]）

水样	pH	Ca^{2+}	SO_4^{2-}	Mg^{2+}	Na^+
W1	5.22	18492	612	2320	68520

模拟区域平面网格分布，如图 8-1 所示，地质模型三维立体图如图 8-2 所示。

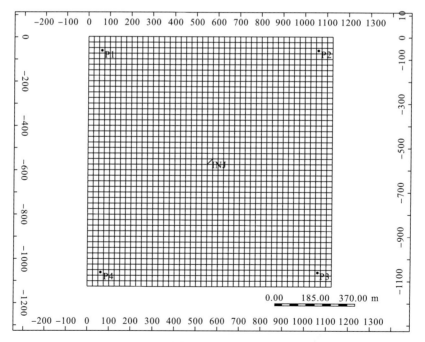

图 8-1　模拟区域平面网格分布

① 1ppm=10^{-6}mg/L。

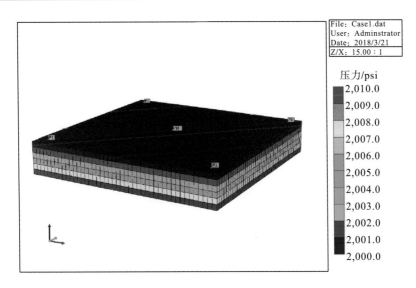

图 8-2　地质模型三维立体图

8.3　酸性气藏储层物性变化影响因素分析

在建立的酸性气藏注酸性气体驱替模型的基础上，对影响储层物性参数进行敏感性分析，包括初始孔隙度、注入速率、酸性气体组分和矿物的有效反应面积等反应动力学参数。通过模拟定产量生产 5 年后的储层参数，包括孔隙体积、孔隙度、渗透率、地层矿物含量、离子含量等的变化情况，分析酸性气体在储层中的影响规律。以 8.2 小节中建立的模型为基础模型，通过改变单一因素研究其变化规律，设计数值模拟方案，见表 8-4。

表 8-4　模拟计算方案

方案	影响因素	参数
方案 1	初始孔隙度	0.1、0.2（2 组）
方案 2	注入流速/($10^4 m^3 \cdot d^{-1}$)	100、200（2 组）
方案 3	反应面积/m^2	100、200（2 组）
方案 4	气体组分	$0.5CO_2+0.5H_2S$、$1CO_2$、$1H_2S$（3 组）

8.3.1　初始孔隙度对储层物性的影响

在所建立的基础模型上，将初始孔隙度分别设为 0.1 和 0.2 进行生产模拟，以得到孔隙空间的大小对酸性气体-水-岩反应对储层物性的影响规律。两种方案各参数设置及孔隙体积、孔隙度、渗透率的变化情况如表 8-5 所示，图 8-3～图 8-5 为反应 5 年后储层物性的变化情况，图 8-6 和图 8-7 为离子含量和矿物含量的变化情况。

表 8-5　两种方案的参数设置和物性变化结果

方案	初始孔隙度	孔隙体积变化量/m³	孔隙度变化量	渗透率变化量/mD
A1	0.1	25 593.273 3	0.089 7	7.918 3
Base Case	0.2	34 206.988 6	0.088 2	2.952 1

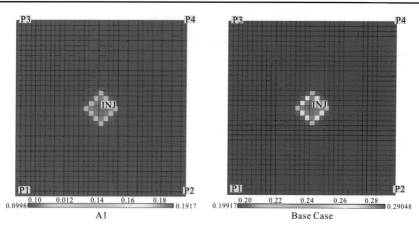

图 8-3　两种方案孔隙度平面对比图

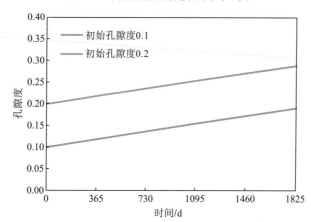

图 8-4　两种方案孔隙度变化曲线对比图(网格坐标：24、24、4)

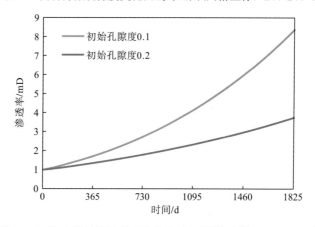

图 8-5　两种方案的渗透率变化曲线对比(网格坐标：24、24、4)

　　根据表 8-5 两种方案的对比可以发现，当改变初始孔隙度时，孔隙度变化量分别为 0.089 7、0.088 2，对渗透率和孔隙体积影响较大。当初始孔隙度为 0.1 时，孔隙度和渗透率的变化量更大，但孔隙体积变化却更小，这是由于初始孔隙度越小，溶液的替换速率越快，因此对储层的改造作用明显。

　　根据图 8-4 和图 8-5 可知，气藏在进行酸性气体注入的 5 年时间内，两种方案下的孔隙度和渗透率变化呈现的趋势是相同的，均呈现上升趋势；且在相同注气驱替时间内，初始孔隙度越小的储层受水-岩反应的影响范围越大。

　　根据图 8-6 可知，两种方案中的 Ca^{2+} 浓度都在径向上呈减小的趋势，但随着初始孔隙度的增大，Ca^{2+} 浓度变化范围也越来越大；而 Mg^{2+} 则在径向上出现了高浓度环状区域，这是由于在酸性气体注入过程中，H^+ 与岩石发生相互作用，白云岩发生了溶蚀生成了 Mg^{2+}，使 Mg^{2+} 含量迅速增加，但反应发生后地层水流动将 Mg^{2+} 迅速带离，浓度降低。

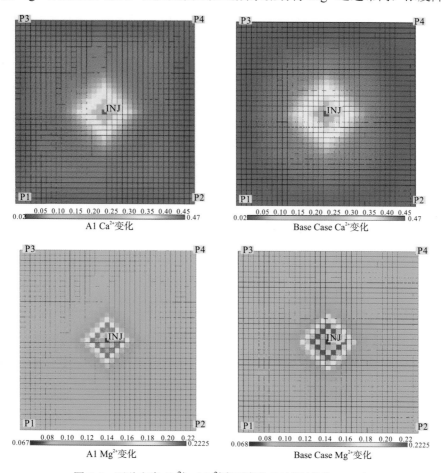

图 8-6　两种方案 Ca^{2+}、Mg^{2+} 离子变化对比图(单位：mol)

　　根据图 8-7 可知，方解石和白云岩含量均呈现降低的趋势，白云石含量减少的速率比方解石大。白云石含量的减少速率起初与初始孔隙度呈负相关关系，当初始孔隙度为 0.1 时，白云石含量在 1460 天以后减小的速率突然减小，最终减少量最小；而方解石的含量变化与初始孔隙度呈正相关。因为驱替过程不同于浸泡实验，驱替会加快离子的流动速度，降低了离子逆向反应生成沉淀的可能性。

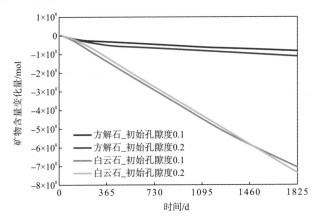

图 8-7　两种方案整个区块矿物含量变化曲线

8.3.2　注入速率对储层物性的影响

设计两个不同注入速率的方案来模拟研究该因素对酸性气藏储层物性的影响规律，方案的具体注入速率参数和物性参数结果如表 8-6 所示，两种方案孔隙度在平面上的对比图如图 8-8 所示，孔隙度和渗透率对比曲线图如图 8-9 和图 8-10 所示，两种方案 Ca^{2+}、Mg^{2+} 离子变化对比图如图 8-11，两种方案矿物体积变化对比曲线如图 8-12 所示。

表 8-6　两种方案的参数设置和物性变化

方案	注入速率 /($10^4 m^3 \cdot d^{-1}$)	单井采出速率 /($10^4 m^3 \cdot d^{-1}$)	孔隙体积变化量 /m^3	孔隙度变化量	渗透率变化量 /mD
Base Case	100	25	34 206.988 6	0.073 0	2.061 5
C1	200	50	51 186.550 0	0.088 2	2.755 3

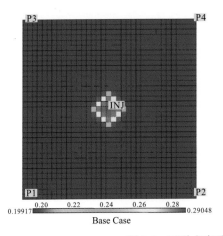
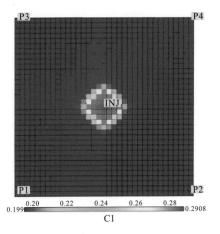

图 8-8　两种方案孔隙度平面对比图

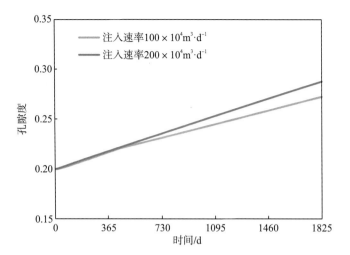

图 8-9　两种方案孔隙度变化曲线对比图(网格坐标：25、24、4)

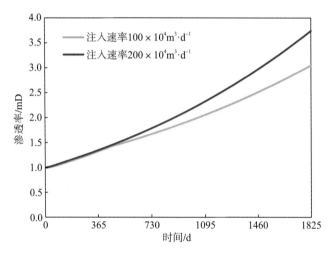

图 8-10　两种方案渗透率变化曲线对比图(网格坐标：24、24、4)

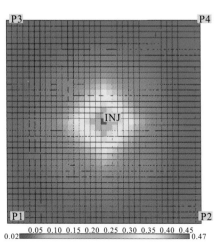

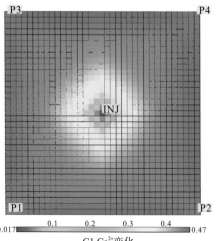

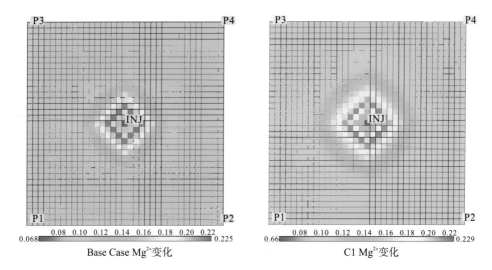

图 8-11　两种方案 Ca^{2+}、Mg^{2+} 离子变化对比图（单位：mol）

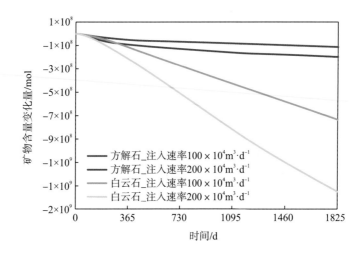

图 8-12　两种方案矿物体积变化对比曲线

　　根据图 8-8～图 8-12 可以看出，注入速率对储层物性的改造作用明显。在不同注入速率下储层的孔隙度和渗透率变化量十分接近，但在高注入速率条件下孔隙体积增大了51186m³，低注入速率条件下体积增大了 34206m³。综合分析两种方案的矿物含量变化，可以发现白云石含量变化比较接近，而方解石相差较多，因此可以判断储层孔隙度变化主要是由方解石的溶蚀造成的。

　　酸性气体的注入速率越高，流体在储层多孔介质中的流动速率越快，携带矿物颗粒和离子的能力越强。反应产生的离子和溶蚀而剥落的颗粒刚离开岩石表面就被迅速带离，促使酸与矿物的反应向右迅速进行，加快了反应速率，增大了溶蚀程度，这是与浸泡实验最为不同的一点，能够更加真实地反映开采过程中储层中水-岩反应发生的真实动态过程。

8.3.3　有效反应面积对储层物性的影响

有效反应面积在水-岩反应过程中有重要的影响作用，直接关系到反应速率的大小，进而影响反应程度。设计两个不同有效反应面积模拟方案来研究该因素对酸性气藏储层物性的影响规律，方案的具体有效反应面积和物性参数变化结果如表 8-7 所示，两种方案孔隙度在平面上的对比图如图 8-13 所示，孔隙度和渗透率变化曲线对比图如图 8-14 和图 8-15 所示，两种方案 Ca^{2+}、Mg^{2+} 离子变化对比图如图 8-16 所示，两种方案矿物体积变化对比曲线如图 8-17 所示。

表 8-7　两种方案下的参数设置和物性变化

方案	有效反应面积 /m²	孔隙体积变化量 /m³	孔隙度变化量	渗透率变化量 /mD
Base Case	100	34 206.988 6	0.088 2	2.757 1
Case D1	200	34 391.790 0	0.144 2	6.531 6

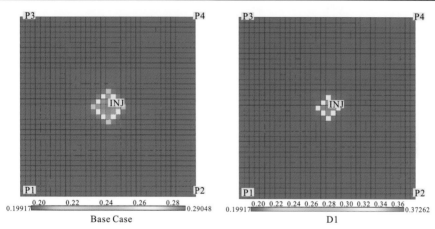

图 8-13　两种方案孔隙度平面上对比图

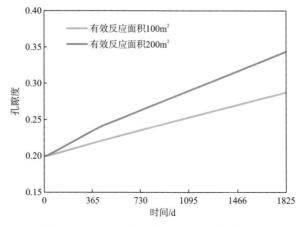

图 8-14　两种方案孔隙度变化曲线对比图(网格坐标：24，24，4)

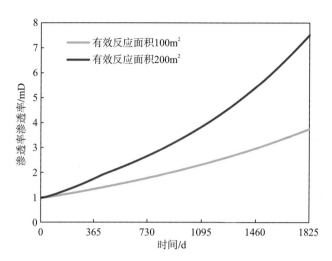

图 8-15　两种方案渗透率变化曲线对比图（网格坐标：24，24，4）

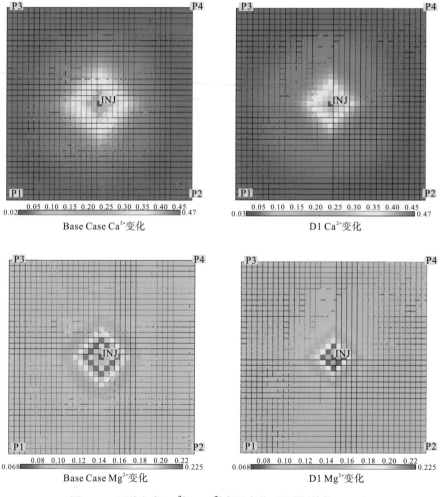

图 8-16　两种方案 Ca²⁺、Mg²⁺离子变化对比图（单位：mol）

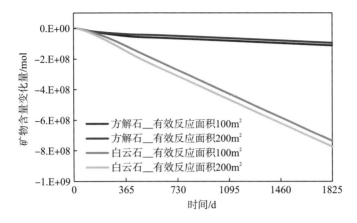

图 8-17　两种方案矿物体积变化对比曲线

根据图 8-13～图 8-17 对比分析发现，两种方案储层内孔隙体积变化相差不大，但网格坐标为 (24，24，4) 处的孔隙度和渗透率变化相差较大；反应面积越大平面上孔隙度变化波及范围反而越小；Ca^{2+}、Mg^{2+} 在平面上呈相同的变化规律。这是由于在相同初始孔隙度条件下，多孔介质中 H^+ 的含量相同，但由于有效反应面积增大，酸性气体刚注入便在注入井附近迅速发生反应，消耗了大量的酸，因此呈现孔隙度小范围内大幅度增加的规律。

8.3.4　气体组分对储层物性的影响

气体组分在溶液中的溶解度不同，酸的强弱不同，因此对储层矿物的溶蚀能力也不同。设计两个不同有效反应面积模拟方案来研究该因素对酸性气藏储层物性的影响规律，方案的具体气体组分和物性参数变化结果如表 8-8 所示，三种方案孔隙度在平面上的对比图如图 8-18 所示，孔隙度和渗透率变化曲线对比图如图 8-19 和图 8-20 所示，三种方案 Ca^{2+}、Mg^{2+} 离子变化对比图如 8-21 所示，三种方案矿物体积变化对比曲线如图 8-22 所示。

表 8-8　三种方案下的参数设置和物性变化

方案	气体组分	孔隙体积变化量/m³	孔隙度变化量	渗透率变化量/mD
Case E1	100%H$_2$S	49341	0.0730	2.0615
Base Case	50%CO$_2$+50%H$_2$S	34206.9886	0.0870	2.6966
Case E2	100%CO$_2$	26235.9520	0.0124	0.2336

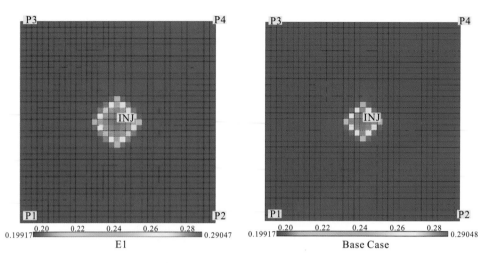

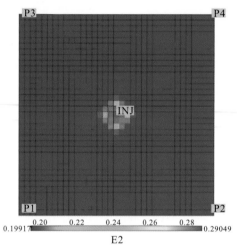

图 8-18　三种方案孔隙度平面上对比图

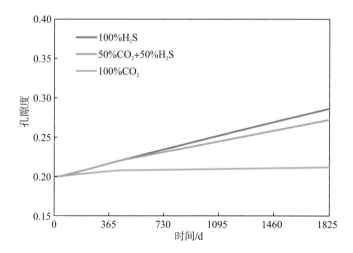

图 8-19　三种方案孔隙度变化曲线对比图(网格坐标：24，24，4)

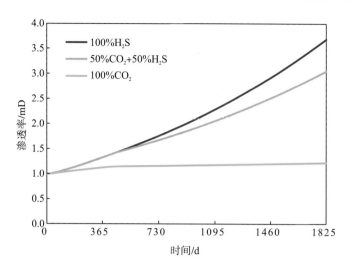

图 8-20　三种方案渗透率变化曲线对比图(网格坐标：24，24，4)

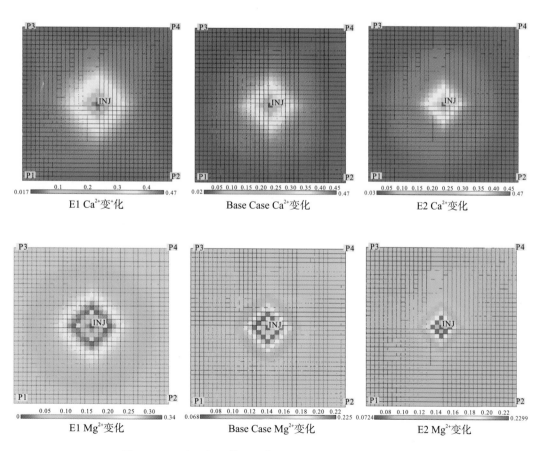

图 8-21　三种方案 Ca^{2+}、Mg^{2+}离子变化对比图(单位：mol)

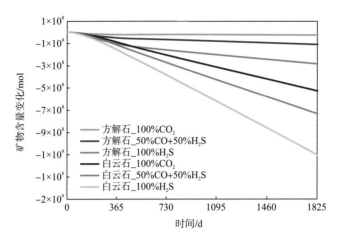

图 8-22　三种方案矿物体积变化对比曲线

根据图 8-18~图 8-22 对比分析发现，不同气体组分对储层的孔隙度和渗透率变化量影响不大，但对整个区块的孔隙体积影响较大。当存在单组分 H_2S 气体时，孔隙体积增加了 $49341m^3$；存在 $50\%H_2S$ 和 $50\%CO_2$ 混合酸性气体时，孔隙体积增加了 $34206.9886m^3$；当存在单组分 CO_2 气体时，孔隙体积增加了 $26235.9520m^3$。说明不同气体组分对储层矿物的溶蚀程度不同，且 H_2S 的溶蚀能力强于 CO_2。

8.3.5　各影响因素综合分析

通过改变单一因素进行敏感性分析发现（图 8-23），在考虑酸性气体-水-岩反应的前提下，储层孔隙体积都发生了不同程度的增大。不同方案在注入第一年内孔隙体积改变速率较大，其中当注入速率为 $200\times10^4m^3/d$ 时孔隙体积的增大速率最大；注入一年左右出现拐点，孔隙体积变化速率开始减小，且在高注入速率条件下拐点出现的时间相对较早。此外，改变有效反应面积时孔隙体积改变量与基础模型十分接近（几乎重合），说明有效反应面积对储层孔隙体积的影响最小。

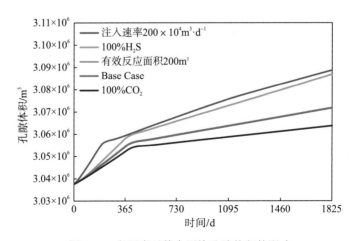

图 8-23　各因素对整个区块孔隙体积的影响

参 考 文 献

卞小强, 杜志敏, 郭肖, 等. 2010. 硫在高含 H_2S 天然气中溶解度的实验测定[J]. 天然气工业, (12): 57-58.

陈庚华, 韩世钧. 1985. 氨、H_2S 和 CO_2 挥发性弱电解质水溶液的性质[J]. 石油学报(石油加工), 4(1): 75-94.

储昭宏, 马永生, 林畅松. 2006. 碳酸盐岩储层渗透率预测[J]. 地质科技情报, 25(4): 27-32.

Danesh A. 2000. 油藏流体的 PVT 与相态[M]. 沈平平, 等, 译. 北京: 石油工业出版社.

谷明星, 里群, 陈卫东, 等. 1993a. 固体在超临界/近临界酸性流体中的溶解度(II)热力学模型[J]. 化工学报, 44(3): 321-327.

谷明星, 里群, 邹向阳, 等. 1993b. 固体硫在超临界/近临界酸性流体中的溶解度(I)实验研究[J]. 化工学报, 44(3): 315-320.

关小旭, 李朋, 张砚, 等. 2017. 应用 Chrastil 缔合模型计算元素硫在酸性气体中的溶解度[J]. 西安石油大学学报(自然科学版), 32(1): 101-106, 118.

郭肖, 杜志敏, 杨学锋, 等. 2008. 酸性气藏气体偏差系数计算模型[J]. 天然气工业, 28(4): 89-92.

郭绪强, 荣淑霞, 杨继涛, 等. 1999. 基于 PR 状态方程的粘度模型[J]. 石油学报, (3): 64-69, 6.

郭绪强, 阎炜, 陈爽, 等. 2000. 特高压力下天然气压缩因子模型应用评价[J]. 石油大学学报(自然科学版), 24(6): 36-38.

侯大力, 罗平亚, 王长权, 等. 2015. 高温高压下 CO_2 在水中溶解度实验及理论模型. 吉林大学学报(地球科学版), 45(2): 564-572.

黄兰, 孙雷, 李泽波. 2007. 高含硫气藏元素硫沉积的发展现状[J]. 天然气技术, 1(6): 25-27.

李光霁, 陈王川. 2018. 超临界 CO_2 在超高压状态下的热力学性质研究[J]. 机械设计与制造, (6): 243-245, 249.

李洪, 李治平, 赖枫鹏, 等. 2015. 高含硫气藏元素硫溶解度预测新模型[J]. 西安石油大学学报(自然科学版), 30(2): 88-92+11.

李靖. 2017. 高温高压高含 CO_2 天然气在地层水中溶解度理论研究[D]. 成都: 西南石油大学.

李士伦. 2008. 天然气工程[M]. 北京: 石油工业出版社.

里群, 谷明星, 陈卫东, 等. 1994. 富硫化氢酸性天然气相态行为的实验测定和模型预测[J]. 高校化学工程学报, 8(3): 209-215.

凌其聪, 刘丛强. 2001. 水-岩反应与稀土元素行为[J]. 矿物学报, 21(1): 107-114.

刘文红. 2006. 水平及微倾斜管内油气水三相流流型特性[J]. 石油学报, 27(3): 120-125.

刘再华, Dreybrodt W. 2002. 方解石沉积速率控制的物理化学机制及其古环境重建意义[J]. 中国岩溶, (4): 21-26.

马永生, 郭彤楼, 朱光有. 2007. H_2S 对碳酸盐储层溶蚀改造作用的模拟实验证据——以川东飞仙关组为例[J]. 科学通报, 18(S1): 136-141.

谭凯旋, 张哲儒, 王中刚. 1994. 矿物溶解的表面化学动力学机理[J]. 矿物学报, (3): 207-214.

涂汉敏, 郭平, 贾钠, 等. 2018. CPA 方程对 CO_2-水体系相态研究[J]. 岩性油气藏, 30(4): 113-119.

汪周华, 郭平, 周克明, 等. 2004. 罗家寨气田酸性气体偏差因子预测方法对比[J]. 天然气工业, 24(7): 86-88.

王琛, 李天太, 高辉, 等. 2017. CO_2-地层水-岩石相互作用对特低渗透砂岩孔喉伤害程度定量评价[J]. 西安石油大学学报(自然科学版), 32(6): 66-72.

王发清, Boyle T. 2002. 通过研究得出计算酸气密度的最佳方法[J]. 国外油田工程, 18(11): 14-19.

王广华, 赵静, 张凤君, 等. 2013. 砂岩储层中 CO_2-地层水-岩石的相互作用[J]. 中南大学学报(自然科学版), 44(3): 1167-1173.

王利生, 郭天民. 1992. 基于 Patel-Teja 状态方程的统一黏度模型: II[J]. 化工学报, 44(6): 685-691.

徐艳梅, 郭平, 黄伟岗. 2004. 高含硫气藏元素硫沉积研究[J]. 天然气勘探与开发, 27(4): 52-59.

徐则民, 黄润秋, 唐正光. 2005. 硅酸盐矿物溶解动力学及其对滑坡研究的意义[J]. 岩石力学与工程学报, 24(9): 1479-1491.

晏中平, 刘彬, 周毅. 2009. 高含硫气藏双孔介质硫沉积试井模型解释[J]. 新疆石油地质, 30(3): 355-357.

杨学锋, 林永茂, 黄时祯, 等. 2005. 酸性气藏气体黏度预测方法对比研究[J]. 特种油气藏, 12(5): 42-45.

叶慧平, 王晶玫. 2009. 酸性气藏开发面临的技术挑战及相关对策[J]. 石油科技论坛, (4): 63-65.

于炳松, 赖兴运. 2006. 成岩作用中的地下水碳酸体系与方解石溶解度[J]. 沉积学报, 24(5): 627-636.

曾平. 2004. 高含硫气藏元素硫沉积预测及应用研究[D]. 成都: 西南石油大学.

翟广福. 2005. 含硫气井试井分析理论与方法研究[D]. 成都: 西南石油大学.

张文亮. 2010. 高含硫气藏硫沉积储层伤害实验及模拟研究[D]. 成都: 西南石油大学.

张勇, 杜志敏, 郭肖, 等. 2007. 硫沉积对高含硫气藏产能影响数值模拟研究[J]. 天然气工业, 27(6): 94-96.

周浩. 2017. PX 气田高含硫气藏硫沉积实验研究[D]. 成都: 西南石油大学.

朱维耀, 孙玉凯, 燕良东, 等. 2009. 气-液-固变相态复杂渗流微观实验研究[J]. 北京科技大学学报, 31(11): 1351-1356.

朱子涵, 李明远, 林梅钦. 2011. 储层中 CO_2-水-岩相互作用研究进展[J]. 矿物岩石地球化学通报, 30(1): 104-112.

Abou-Kassem J H. 2000. Experimental and numerical modeling of sulfur plugging in carbonate reservoirs[J]. Journal of Petroleum Science and Engineering, 26(1): 91-103.

Assayag N J, Matter M, Ader M, et al. 2009. Water-rock interactions during a CO_2 injection field test: Implications on host rock dissolution and alteration effects [J]. Chemical Geology, 265(1-2): 227-235.

Bakker R J. 2003. Package FLUIDS 1. Computer programs for analysis of fluid inclusion data and for modelling bulk fluid properties [J]. Chemical Geology, 3(194): 3-23.

Brunner E, Woll W . 1980. Solubility of sulfur in hydrogen and sour gases[J]. Society of Petroleum Engineers Journal, 20(5): 377-384

Carmen J, Rivollet F, Richon D. 2011. P-ρ-T data for hydrogen sulfide+propane from (263 to 363) K at pressures up to 40 MPa[J]. Journal of Chemical & Engineering Data, 56(1): 253-271.

Carroll J J, Mather A E. 1989. Phase equilibrium in the system water-hydrogen sulphide: modelling the phase behavior with an equation of state[J]. The Canadian Journal of Chemical Engineering, 67(6): 999-1003.

Chrastil J. 1982. Solubility of solids and liquids in supercritical gases[J]. The Journal of Physical Chemistry, 86(15): 3016-3021.

Civan F, Donaldson E C. 1989. Relative permeability from unsteady-state displacements with capillary pressure included[J]. SPE Formation Evaluation, 40(2): 189-193.

Civan F. 2019. Stress-dependent porosity and permeability of porous rocks represented by a mechanistic elastic cylindrical pore-shell model[J]. Transport in Porous Media, 129(3): 885-899.

Crovetto R. 1991. Evaluation of solubility data of the system CO_2-H_2O from 273K to the critical point of water [J]. Journal of Physical and Chemical Reference Data, 20(3): 575-589.

Drummond S E. 1981. Boiling and mixing of hydrothermal fluids: chemical effects on mineral precipitation [D]. Pennsylvania: Pennsylvania State University.

Duan Z H, Sun R. 2003. An improved model calculating CO_2 solubility in pure water and aqueous NaCl solutions from 273 to 533 K and from 0 to 2000 bar[J]. Chemical Geology, 193 (3-4): 257-271.

Duan Z, Sun R, Liu R, et al. 2007. Accurate thermodynamic model for the calculation of H_2S solubility in pure water and brines[J]. Energy & Fuels, 21 (4): 2056-2065.

Elsharkawy A M. 2000. Compressibiliy factor for sour gas reservoirs[C]. SPE64284.

Elsharkawy A M. 2002. Predicting the properties of sour gases and condensates: equations of stateand empirical correlations[C]. SPE74369.

Elsharkawy A M. 2004. Efficient methods for calculations of compressibility, density and viscosity of natural gases[J]. Fluid Phase Equilibria, 218 (1): 1-13.

Furnival J S, Horstmann S, Fischer K. 2012. Experimental determination and prediction of gas solubility data for CO_2+H_2O mixture containing NaCl or KCl at temperatures between 313 and 393K and pressures up to 10 MPa[J]. Industrial & Engineering Chemistry Research, 41 (1): 4393-4398.

Guo X, Du Z M, Li W. 2010. Effect of sulfur deposition on rock permeability in sour gas reservoir[C]. SPE136979.

Guo X, Wang Q. 2016. A new prediction model of elemental sulfur solubility in sour gas mixtures[J]. Journal of Natural Gas Science and Engineering, 31: 98-107.

Guo X, Zhou X F, Zhou B H. 2015. Prediction model of sulfur saturation considering the effects of non-Darcy flow and reservoir compaction[J]. Journal of Natural Gas Science and Engineering, 22: 371-376.

Harvey A H. 1996. Semiempirical correlation for Henry's constants over large temperature ranges[J]. American Institute of Chemical Engineers Journal, 42 (5): 1491-1494.

Haugen K B, Sun L, Firoozabadi A. 2007. Three-phase equilibrium calculations for compositional simulation[C]. SPE106045.

He L J, Guo X, 2016. Study on sulfur deposition damage model of fractured gas reservoirs with high-content H_2S[J]. Petroleum, 3 (3): 321-325

Heidemann R A, Phoenix A V, Karan K, et al. 2001. A chemical equilibrium equation of state model for elemental sulfur and sulfur-containing fluids[J]. Industrial & Engineering Chemistry Research, 40 (9): 2160-2167

Heidemann R A, Phoenix A V, Karan K, et al. 2001. A chemical equilibrium equation of state model for elemental sulfur and sulfur-containing fluids[J]. Industrial & Engineering Chemistry Research, 40 (9): 2160-2167.

Hitzman D O, Dennis D M. 1998. Sulfide removal and prevention in gas wells[J]. SPE Reservoir Evaluation and Engineering, 1 (4): 367-371.

Holdren G R J, Speyer P M. 1985. Reaction-rate surface area relationships for an alkali feldspar during the early stages of weathering, initial observations [J]. Geochimica Et Cosmochimica Acta, 49 (3): 675-681.

Kennedy H T, Wieland D R. 1960. Equilibrium in the methane-carbon dioxide-hydrogen sulfide-sulfur system[J]. Journal of Petroleum Technology, 7 (219): 166-169.

Kuo C H. 1972. On the production of hydrogen sulfide-sulfur mixtures from deep formations[J]. Journal of Petroleum Technology, 24 (9): 1142-1146.

Kurt A G, Quiñonescisneros S E, Carroll J J, et al. 2008. Hydrogen sulfide viscosity modeling[J]. Energy & Fuels, 22 (5): 3424-3434.

Lasaga A C, Soler J M, Ganor J. 1994. Chemical weathering rate laws and global geochemical cycles [J]. Geochimica et Cosmochimica Acta, 58 (3): 2361-2386.

Lee J I, Mather A E. 2010. Solubility of hydrogen sulfide in water[J]. Zeitschrift Fä¼r Elektrochemie Berichte Der Bunsengesellschaft Fä¼r Physikalische Chemie, 81 (10): 1020-1023.

Lewis L C, Fredericks W J. 1968. Volumetric properties of supercritical hydrogen sulfide[J]. Journal of Chemical & Engineering Data, 13(4): 482-485.

Li Q, Guo T M. 1991. A study on the supercompressibility and compressibility factors of natural gas mixtures[J]. Journal of Petroleum Science and Engineering, 6(3): 235-247.

Li Y K, Nghiem L X. 1986. Phase equilibria of oil, gas and water/brine mixtures from a cubic equation of state and Henry's Law [J]. The Canadian Journal of Chemical Engineering, 14(64): 486-496.

Lichtner P C. 1985. Continuum model for simultaneous chemical reactions and mass transport in hydrothermal systems[J]. Geochimica et Cosmochimica Acta, 6(49): 779-800.

Little J E, Kennedy H T. 1968. A correlation of the viscosity of hydrocarbon systems with pressure, temperature and composition[J]. Society of Petroleum Engineers Journal, 8(2): 157-162.

Luquot L M, Andreani M P, Gouze P P. 2012. CO_2 percolation experiment through chlorite/zeolite-rich sandstone(Pretty Hill Formation-Otway Basin-Australia) [J]. Chemical Geology, 294-295: 1-88.

Mahmoud M A, Al-Majed A A. 2012. New Model to Predict Formation Damage due to Sulfur Deposition in Sour Gas Wells[C]. SPE149535.

Mei H, Zhang M, Yang X. 2006. The effect of sulfur deposition on gas deliverability[C]. SPE99700.

Mohsen-Nia M, Moddaress H, Mansoori G A. 1994. Sour natural gas and liquid equation of state[J]. Journal of Petroleum Science and Engineering, 12(2): 127-136.

Pedersen K S, Fredenslund A, Christensen P L, et al. 1984. Viscosity of crude oils[J]. Chemical Engineering Science, 39(6): 1011-1016.

Pope D S, Leung L K W, Gulbis J, et al. 1996. Effects of viscous fingering on fracture conductivity [J]. SPE Production & Facilities, 11(4): 230-237.

Roof J G. 1971. Solubility of sulfur in hydrogen sulfide and in carbon disulfide at elevated temperature and pressure[J]. Society of Petroleum Engineers Journal, 11(03): 272-276.

Rushing J A, Newsham K E, Van Fraassen K C, et al. 2008. Natural gas Z-factors at HP/HT reservoir conditions: comparing laboratory measurements with industry-standard correlations for a dry gas[C]. SPE114518.

Shedid S A, Zekri A Y. 2002. Formation damage due to sulfur deposition in porous media[C]. SPE73721.

Shedid S A, Zekri A Y. 2009. Induced sulfur deposition during carbon dioxide miscible flooding in carbonate reservoirs[C]. SPE119999.

Stouffer C E, Kellerman S J, Kenneth R H, et al. 2001. Densities of carbon dioxide+hydrogen sulfide mixtures from 220 K to 450 K at pressures up to 25 MPa[J]. Journal of Chemical & Engineering Data, 46(5): 123-135.

Suleimenov O M, Krupp R E. 1994. Solubility of hydrogen sulfide in pure water and in NaCl solutions from 20 to 320℃ and at saturation pressure [J]. Geochimica et Cosmochimica Acta, 12(58): 2433-2444.

Sun C, Chen G. 2003. Experimental and modeling studies on sulfur solubility in sour gas[J]. Fluid Phase Equilibria, 214(2): 187-195.

Sutton R P. 2007. Fundamental PVT calculations for associated and gas/condensate natural-gas systems[J]. SPE Reservoir Evaluation & Engineering, 10(3): 270-284.

Swift S C, Manning F S, Thompson R E, et al. 1976. Sulfur-bearing capacity of hydrogen sulfide gas[J]. Society of Petroleum Engineers Journal, 16(2): 57-64.

Teng H, Yamasaki A. 1998. Solubility of liquid CO_2 in synthetic sea water at temperatures from 298 K to 293 K and pressures from 6. 44 MPa to 29. 49 MPa, and densities of the corresponding aqueous solutions[J]. Journal of Chemical and Engineering Data, 43 (1): 2-5.

Todheide K, Franck E U. 1963. Das zweiphasengebiet und die krtische kurve im system kohlendioxide-wasser bis zu drucken von 3500 bar [J]. Zeitschrift Fir Physikalische Chemie, 37 (5-6): 387-401.

Wiebe R, Gaddy V L. 1940. The solubility of carbon dioxide in water at various temperatures from 12 to 40℃ and at pressures to 500 Atm[J]. Journal of the American Chemical Society, 62 (6): 815-817.

Wigand M, Carey J W, Schütt H, et al. 2008. Geochemical effects of CO_2 sequestration in sandstones under simulated in situ conditions of deep saline aquifers[J]. Applied Geochemistry, 23 (9): 2735-2745.

Xu T, Spycher N, Sonnenthal E, et al. 2012. TOUGHREACT user's guide: a simulation program for non-isothermal multiphase reactive geochemical transport in variably saturated geologic media, version 2. 0[R]. Reoport LBNLDRAFT, Lawrence Berkeley National Laboratory, Berkly. Calif.

Xu T. 2006. Incorporation of aqueous and sorotion kinetics and biodegradation into TOUGH-REACT[J]. Escholarship University of California, 5 (1): 1-6.

Xu T. 2006. TOUGHREACT: a simulation program for non-isothermal multiphase reactive geochemical transport in variably saturated geologic media: applications to geothermal injectivity and CO_2 geological sequestration[J]. Computers & Geosciences, 32 (2): 145-165.

Zawisza A, Malesinska B. 1981. Solubility of carbon dioxide in liquid water and of water in gaseous carbon dioxide in the range 0. 2-5 MPa and at temperatures up to 473 K. [J]. Journal of Chemical & Engineering Data, 26 (4): 388-391.

Zirrahi M, Azin R, Hassanzadeh H, et al. 2012. Mutual solubility of CH_4, CO_2, H_2S, and their mixtures in brine under subsurfacedisposal conditions[J]. Fluid Phase Equlibria, 324 (4): 80-93